U0110864

大展好書　好書大展

品嘗好書　冠群可期

大展好書　好書大展

品嘗好書　冠群可期

休閒生活 1

家庭養蘭年年開

殷華林　編著

品冠文化出版社

前　　言

蘭花是中國傳統名花，它的葉姿輕盈舒展，飄逸瀟灑；花形端莊勻稱，嫻靜幽雅；花香清而不濁，醇正幽遠；花色瑩潤素雅，純淨可人。蘭葉終年碧綠，四季常青，自古以來人們就將其與鬥霜耐寒的梅花、菊花和翠竹並稱爲「花中四君子」，以頌揚它們威武不屈、貧賤不移的崇高品質。古人云：世稱三友，松、竹、梅，松有葉而無香，竹有節無花，梅有花而無葉，惟蘭獨並有之。因蘭花有葉、有花、有香，集松、竹、梅三者之優點於一身，從而成爲花卉中欣賞價值最高者。

蘭花是室內裝飾中最完美的花卉，適宜在廳堂、陽臺、庭院、辦公室等環境中擺放欣賞，也特別適宜在家庭中蒔養。在家中養蘭，足不出戶，便可嗅其香，觀其色，賞其形，品其韻，即陶冶了情操，又體驗了蘭花栽培技藝，對身心大有裨益。

蘭花雖然美麗，但如果養育方法不得當，卻不容易連年開放。許多剛剛開始養蘭的家庭，往往都會遇到這種情況：剛買的蘭花當年開花很茂盛，成活也很好，但第二年卻不再開花，花株也越來越瘦弱。其實，將蘭花育壯，使它年年開出肥碩的花朵，並不是特別難的事情。蒔養蘭花，本是人們休閒的一種愛好

和方式，蒔養蘭花的日子久了，就會慢慢地摸索和整理出一些感受來。這好的感受被稱爲經驗，不好的感受被稱爲教訓。經驗和教訓是人們養蘭的好老師，也是古今養蘭的人們逐漸積累起來的寶貴財富。

本書將從怎樣使蘭花年年開的角度，著重向養蘭愛好者介紹蘭花識別、購買、欣賞蘭花的知識和促使蘭花年年開的主要栽培方法，與養蘭者共同探討一些關鍵的養蘭經驗。

本書由殷華林主編，王玉萍、華文彬、魏文英、吳士琴、萬勇、尹莉、王芙蓉、王家和參編。潘勁草、劉爲道、胡海才、鮑國喜、魏生林、喬雲海、達慶斌、馮國之、巫慶雲、陳平章、馮大用、梅林森、顧乃平、朴仁義等提供彩照。殷華林統稿並繪製所有插圖。

本書在編寫過程中得到了安徽科學技術出版社的大力支持，衷心感謝編輯們爲此付出的辛勤。本書編寫時參閱和引用了有關蘭花栽培技術資料，在此表示衷心感謝。由於筆者的學識、能力、經驗有限，書中難免有謬誤，還請讀者不吝賜教。

編者

目　　錄

第一章
識別姿態優美的蘭花

說起蘭花，許多人會將它與帶有「蘭」字的一些花卉弄混淆。諸如石蒜科的君子蘭（圖 1–1）、菊科的澤蘭（圖 1–2）、木蘭科的白玉蘭（圖 1–3）、楝科的米蘭（圖 1–4）、百合科的吊蘭（圖 1–5）、龍舌蘭科的虎皮蘭（圖

圖 1–1　君子蘭

圖 1–2　澤　蘭

圖 1–3　白玉蘭

圖 1–4　米　蘭

圖 1-5　吊　蘭

圖 1-6　虎皮蘭

1-6）等等，但這些都不是人們通常所說蘭花。

那麼，蘭花到底指的是什麼花呢？真正的蘭花屬於蘭科植物。蘭科植物可是一個大家族，在全世界約有 20000 餘種，其中產於我國的有 1200 種以上，這還不包括大量的變種和人工培育的品種。

我國傳統養植的蘭花在養蘭界稱為國蘭，基本上都是蘭科蘭屬的，常見栽培的有春蘭、蕙蘭、建蘭、寒蘭、墨蘭、春劍蘭、蓮瓣蘭等七個種群。

要區別蘭花與其他花卉，不能憑主觀直覺，而應當仔細分別它們的具體形態。現在，就讓我們由蘭花的根、莖、葉、花、果實和種子的形態，來全面而準確地識別姿態優美的蘭花吧。

第一節　蘭花的根

我們在移栽蘭花時可以看到，蘭花的根是叢生的鬚根，肉質，呈圓柱狀，較為粗壯肥大，外表沒有根毛（圖

1-7），根的前端有明顯的根冠。根冠是保護蘭根向下生長的重要部分，它對外界的干擾極為敏感，若人為碰觸或接觸過濃的肥料或農藥，均易受到傷害。所以，在我們移栽蘭花的過程中，一定要小心保護好根冠。

圖 1-7　蘭花的根

如果我們將蘭根橫切解剖一下，便能看到蘭根從外到內是由根被組織、皮層組織和中心柱三層組成的。根被組織俗稱根皮，為海綿質，肥厚，外表呈白色，主要起著保護、通氣、吸水和保水的作用。根被內部的皮層組織俗稱根肉，由十幾層充滿水分或空氣的皮層細胞構成，根肉的主要功能是吸水和貯水，兼備防乾旱和保護的作用。蘭根缺水乾渴後會萎蔫，一旦遇水又會迅速吸水膨脹。蘭花之所以耐旱，根肉起到了至關重要的作用。根最內層的中心柱，是十分強韌的組織，有固定蘭花株體的功能。

在許多蘭花根的皮層組織內，存在著一種蘭菌，以菌絲體的形式從蘭花根部獲取養分。如果蘭花生長健壯，蘭根組織就能把蘭菌的菌絲體分解、吸收、消化掉，使其貯存的營養成為蘭株的營養。這時，二者為共生的關係，雙方互利互惠，其效果與黃豆、蠶豆等根上的根瘤菌與豆科植物共生的情形類似。

但當盆土過濕、過肥、通風透氣不良，溫度過高或過低時，蘭株的生長衰弱，這時的蘭根就會失去對蘭菌的分

解能力，結果蘭菌反過來腐蝕、分解蘭根的皮層細胞，使蘭根腐爛、中空、枯萎。蘭花和蘭菌的關係在這種情況下就變互利為對蘭花不利。因此，要養好蘭花，就要根據蘭根需要透氣的特點，注意根部土壤的透氣狀態，保證根群的呼吸暢通；同時要注意對蘭花澆水不宜過勤，基質不能過濕、過肥，以免爛根。

第二節　蘭花的莖

蘭花的莖有多種多樣的形態，不過在地面上不容易看出來，因為它們主要是根狀莖和假鱗莖（圖 1-8）。

蘭花的根狀莖屬於變態莖，通常是生長在地下，橫走或垂直生長。根狀莖上面有節，節上生長有不定根，並能長出新芽和鱗片狀鞘，新芽經過一個生長季節發展成假鱗莖。根狀莖的伸長生長是靠每年由側芽發出的新側枝（側軸）不斷重複產生的許多側莖連接而成。蘭花的花芽和葉芽均從根狀莖上發出。

假狀莖　假鱗莖

圖 1-8　蘭花的莖

蘭花的假鱗莖也屬於一種變態莖，由於它不像水仙的鱗莖那樣有肥大的鱗葉，而只是形狀像鱗莖，所以稱為假鱗莖。假鱗莖位於根、葉相接處，膨大而短縮，呈圓形、橢圓形或卵狀橢圓形，我國藝蘭中俗稱蘆頭、蒲頭、

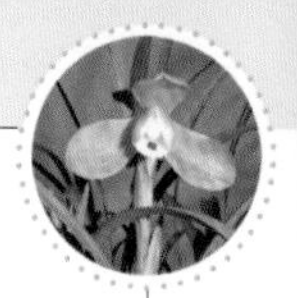

龍頭。假鱗莖從根狀莖上萌生出來，在蘭花生長季節開始時只是一個新芽，到生長季節結束時它就生長成熟了。假鱗莖上有節，壯齡時，每一節都著生一枚葉片或鞘葉，到老齡時，由於葉片脫落而光裸。假鱗莖具有貯藏養分和水分的功能，它們都向上著生，在自然生長的情況下，它們是全露或微露在土壤上的，所以，在栽種時要注意，不要將它們全部埋在植料中。

第三節　蘭花的葉

蘭花的葉可分為兩種，一種叫苞葉，還有一種叫尋常葉（圖 1–9）。

苞葉是包在蘭花花莖上的變態葉，這種變態葉是膜質的，呈鱗片狀。位於花莛下部的數枚苞葉為鞘狀，俗稱為「殼（音ㄑㄧˋㄠ）」，它是保護花蕾的器官。而在花序上每一朵花的花梗基部與花軸相連的地方那片苞葉一般稱作「苞片」。苞片對花蕾的安全越冬，起著重要的保護作用。殼一般比苞片長且大，它的長短、大小和脈紋顏色，都因種類不同而異。在蘭花沒有開花的時候，有經驗的養

圖 1–9　蘭花的葉

蘭人常常由觀察殼的脈紋顏色來判斷蘭花的品種。

尋常葉是從假鱗莖上簇生出的葉，一般是長條帶狀。國蘭的尋常葉在假鱗莖上只長出一次，在一定時間長成，可以生活多年，所以國蘭都是常綠多年生的宿根草本。尋常葉是蘭花光合作用的重要場所，起著營造養分的作用，是蘭花重要的營養器官。在鑒賞時，尋常葉的姿態、顏色和斑紋等都是評價蘭花品種觀賞價值的標準。

第四節　蘭花的花

蘭花在開花前，先從假鱗莖的基部生出花芽，到了開花時節，花芽才抽出花莛，開出秀美幽香的花朵。蘭花種類雖然很多，但所有蘭科植物的花都有三個共同點：

圖 1-10　蘭花的花

一是它們花中的雌蕊和雄蕊聯合而成了一個柱狀體，稱作蕊柱；二是有一個特化的唇瓣；三是具有黏合成團的花粉塊。這是蘭花與眾不同的三大特徵，也是區別蘭花與其他植物的主要依據。因此，蘭花的花朵在結構上便有了獨特之處，在組成成分上與許多花卉的花朵組成也不完全相同。一

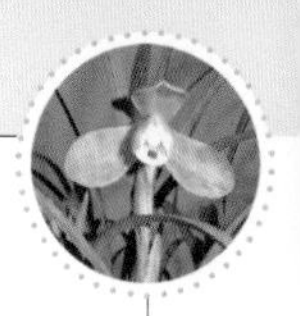

般花卉的花朵常由花萼、花瓣、雄蕊、雌蕊四個部分組成，而蘭花只有花萼、花瓣和蕊柱三個部分（圖 1-10）。

一、花　萼

花萼又稱萼片，蘭花的花萼是相互離生的，共有 3 枚，為花的外輪。中間的一片稱為中萼片，但在蘭界俗稱「主瓣」；兩側的為側萼片，俗稱「副瓣」。

萼片的形狀、生長姿態及其脈紋與色澤，在蘭花的評價上是重要標誌之一。一般的野生春蘭，萼片長披針形，很像竹葉，俗稱竹葉瓣，而國蘭傳統的名種都有梅瓣、荷瓣、水仙瓣等區分（圖 1-11）。

圖 1-11　蘭花的瓣形

（1）**梅瓣**：梅瓣型蘭花的特點是萼片先端寬闊呈圓形，萼體短，萼片基部細小，萼緣收縮向內扣（俗稱「緊邊」），花瓣（捧心瓣）有起兜。

（2）**荷瓣**：荷瓣型蘭花的特點是萼片的長與寬的比例在2：1之內，越寬檔次越高；萼片必須是先端寬基部窄，即有典型的「放角收根」，萼端和萼緣必須緊縮，並呈向內捲狀，即「緊邊」；花瓣（捧心瓣）寬闊、短圓或略長圓。

（3）**水仙瓣**：水仙瓣型蘭花與梅瓣型實際是同一個類型的兩種形態，區別在於水仙瓣型萼幅較寬闊，呈長圓形或長珠形，萼端可有尖鋒。水仙瓣的名稱源於它的萼片形態與水仙的葉態相似，開花時花心部與水仙的花心部有所相似，但花瓣（捧心瓣）必須有緊邊、起兜。

完全符合以上條件的蘭花品種並不多，所以常將略符合梅瓣型特點，但萼頂端稍尖、萼體超長、萼基收細不明顯而較粗的稱為梅形水仙瓣；將略符合荷瓣型特點，但無緊邊的稱為荷形水仙瓣。

二、花　瓣

蘭花的花瓣也是3枚，生長在花萼的內輪。在左右的兩片稱為花瓣，俗稱「捧心瓣」。捧心瓣有的短圓，先端起兜；有的狹長，先端尖銳；有的互相靠近，覆蓋在蕊柱之上，有的相互分開，向前伸展。有的捧心瓣變異為舌瓣的形狀，略有皺捲，多綴有異色點斑塊，被稱為蝶瓣。有的花萼、花瓣形態出現特殊變異，被稱為「奇花」。蘭花花瓣的這些形態，往往是品評品種優劣的依據。

在花瓣中央下方的一枚花瓣的形狀變化很大，稱為唇

圖 1-12　唇瓣與蜜蜂

瓣，俗稱為「舌」。在花序上，可以看到每一朵花的位置，花的唇瓣總是在下方。唇瓣是引誘昆蟲傳粉的主要器官，它在花的下方正好有利於昆蟲傳粉。昆蟲接近蘭花時，總是先停留在唇瓣上，大而平坦的唇瓣正好是昆蟲採蜜停靠的良好地方（圖 1-12）。

三、蕊　柱

蕊柱是蘭花的主要部分，它是雄性器官（雄蕊）和雌性器官（雌蕊）合生在一起而呈柱狀的繁殖器官，俗稱「鼻頭」。蕊柱的頂端有一枚花藥，花藥原有 3 枚，但其中 2 枚退化，只一枚發育而分裂成 2 對花粉塊。

花粉塊有黃色的藥帽蓋住。蕊柱正面靠近頂端有一腔穴，稱為藥腔，雌蕊的柱頭就位於藥腔內。給蘭花人工授粉時，花藥塊必須放在藥腔內與柱頭接觸，才能受精。

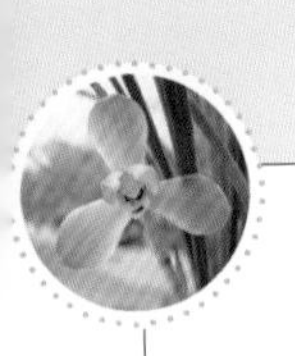

第五節　蘭花的果實和種子

蘭花的雌蕊受精後，花瓣逐漸凋萎，而子房逐漸膨大成綠色棍棒狀，大約經過 6～12 個月，這個綠色棍棒狀的幼果表皮由黃綠色轉成褐色，果實便成熟了。

一、果　實

蘭花成熟的果實呈三角或六角形，形狀因種類不同而不一樣，這有助於我們在沒有開花的季節鑒別區分蘭花的種類（圖 1–13）。

圖 1–13　蘭花的果實

蘭花的果實俗稱「蘭蒸」，絕大多數為蒴果，當果實成熟時，蒴果頂端彈開，產生倒錐形裂縫，種子自裂口散出。

二、種　子

蘭花種子非常微小，細如灰塵，用肉眼幾乎辨認不清，只有在放大鏡或顯微鏡下才可以看清楚它們的模樣，一般呈長紡錘形，每粒種子只有 0.3～0.5 μg 的重量。果實內種子的數量特別多，每個蒴果含有種子數萬粒，多的可達 300 多萬粒，但發芽率很低，又不容易保存，所以在果實成熟後要立即播種。

由於蘭花種子的胚不含胚乳，如果沒有共生真菌或人工配製的發芽培養基提供的養料，一般無法萌芽生長。因此，由蒴果成熟開裂自然散播出去的種子極少能夠萌發存活，只有少數能隨風飄至樹皮或岩縫中，並得到與其共生的真菌滋養，才能發芽生長。為保證蘭花的種子正常發芽，現在多採用發芽培養基溫室培養的方法培育實生苗。

由以上我們對蘭花各個器官的描述，再結合對蘭花的仔細觀察，大家對蘭花的形態一定有了全面的瞭解和認識了。現在來歸納小結一下：

蘭花的根是肉質的鬚根，沒有根毛；蘭花中蘭屬植物的莖是變態莖，有根狀莖和假鱗莖兩種形態；蘭花的葉有苞葉和尋常葉兩類，苞葉生在花莛上，尋常葉為長條帶狀；蘭花的花很特殊，花萼花瓣變化很多，有變化的唇瓣，雌蕊和雄蕊聯合成了一個蕊柱；蘭花的果實是棍棒狀的蒴果；蘭花的種子非常細小，呈長紡錘形。

第二章
家養蘭花的種類和品種

蘭科植物是一個大家族，這個家族由 20000 餘種蘭花組成。雖然種類這麼多，但適合我國一般家庭種養的蘭花種類還是有限的。諸如花卉市場上銷售的各種色彩斑斕的洋蘭，由於它們生活的環境條件要求較複雜，在一般家庭種養不容易使它們年年開花。所以我們一般家庭種養的蘭花種類主要是蘭屬的春蘭、蕙蘭、建蘭、寒蘭、墨蘭、春劍、蓮瓣蘭等地生蘭花，這些蘭花在蘭界簡稱為國蘭，原因是這些蘭花在我國已經有 1000 多年的栽培歷史，其清幽、逸致、潔淨、高雅的風姿很符合中國文化傳統。

實際上，以上被稱為國蘭的並非是中國獨有。如春蘭在日本、朝鮮半島南部、印度北部就有分佈，寒蘭日本也有分佈，墨蘭、建蘭也產於越南。

我國地域廣闊，各地的環境條件有所不同，在不同的環境條件下，有些蘭花適合養，有些不太適合。有些品種能夠年年見花，有些品種難以開花。要使家養蘭花年年開，並且開得精神、豔麗，必須在選擇蘭花的種類和品種上下些工夫。

第一節　種與品種的概念

經過人們長期的培育，蘭花的許多種有了各具特色的

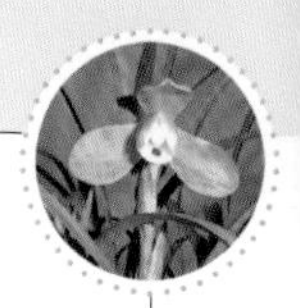

品種。在日常生活中，大家可能經常會接觸到「種」和「品種」這樣的專業名詞，但常有人將這兩個名詞的屬性混淆，現在我們就來說明一下種與品種的區別。

種是生物界最基本的分類單位。它是由大多數性狀極為相似的個體組成的。一般來說，除性狀相似外，種內的不同個體之間應能夠由自然交配繁殖後代，也就是說能夠相互交流遺傳物質，進行有性生殖。

本書介紹的蘭屬植物中的春蘭、墨蘭、建蘭、蕙蘭、寒蘭等都分別是一個單獨的種。

每一個種的個體都不會完全相同，它們之間也會存在一些差異，蘭花的每個種都會在花期、花瓣的瓣型、花色、葉色、葉姿等方面出現變化。在分類學上，專家們將形態上與原種有較明顯變化的種，叫作變種。變種是種以下的分類單位，同一種的不同變種之間雖有某些差異，如花色、形態、葉的寬窄等，但差異還不夠大，主要是不具有獨立的遺傳機制，即變種之間是可以自然雜交的，僅由於地理或自然條件的原因，長期與其他變種出現自然生殖隔離，而選擇保留出了自己獨特的性狀。隨著生殖隔離條件消失，變種會逐漸融合，只保留種的特徵。

人們在栽培植物的過程中發現了這些植物在形態上的變化，經過選育，保留了它們優良的變化性狀，就形成了品種。所以，品種又叫栽培變種，它是人類長期選擇性定向繁育的結果。植物的栽培品種通常指單一植株無性繁殖所產生的直接後代，也就是說，指在遺傳上完全一致的一群個體。當然了，不是所有不同性狀的植株都會成為一個品種。人們在定向繁育時是有選擇性的，通常是達到或趨

近某個人們所預期的性狀的植株被繁育為一個品種。如株形、抗病性、產量、花期、花色等等性狀優良的植株在農業或園藝上就有可能被人為地選擇並定為一個品種。

選定一個品種後，人們就會用科學的方法去大量地繁育它。用大家生活中經常接觸的水果來舉例，「桃」是一個種，但它有人們熟知的水蜜桃、油桃、黃桃、壽星桃等許多品種。

簡要地說，種是生物分類的基本單位，品種是人工選育的栽培變種。

第二節　春蘭的種類和品種

春蘭（Cymbidium goeringii（Rchb. f.）Rchb. f.）又稱草蘭、山蘭、朵香、撲地蘭。由於春蘭植株較矮小，所以有些地方把它叫作小蘭。

一、春蘭的形態特徵

春蘭植株矮小，集生成叢。它的假鱗莖很小，完全被葉的基部包住。葉狹帶形，4～6 片集生在一起，葉長 20～60cm，寬 6～11mm。花莛直立，花一般只有 1 朵，少數 2 朵；花色淺黃綠、綠白或黃白色，直徑 4～5cm。萼片狹矩圓形，花瓣比萼片稍寬而短，稍彎；唇斑短於花瓣，3 裂不明顯，唇盤中央由基部至中部具有 2 條褶片。蕊柱長約 1.5cm，花期在春季的 2～3 月份。

如果我們想用最簡單的方法在形態上區別春蘭與其他蘭花，可以這麼來記春蘭的特徵：植株矮小，早春開花，

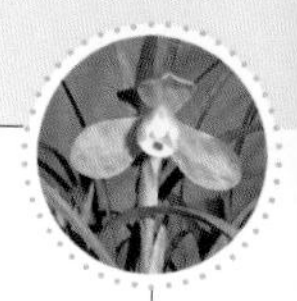

莛花常一朵。

二、春蘭在我國的分佈

春蘭是中國人民栽植最廣泛的蘭花之一。多生長在靠北地區，北至甘肅南部、陝西南部、河南、安徽、湖北、湖南、江西、浙江、江蘇、西藏等地。此外，臺灣、福建、廣東、廣西、四川、貴州、雲南及海南五指山尖峰嶺等地均有分佈。

三、春蘭的主要品種

春蘭的品種很多，現在每年還有許多新品種登錄。一般野生春蘭多為竹葉瓣，而栽培品種常分為梅瓣、荷瓣、水仙瓣、蝶瓣、奇花、色花等類型。

(一)梅瓣型

梅瓣型的春蘭，花莛在剛露出苞片時，花蕾上待放的萼片邊緣多有白鑲邊，猶似披雪含苞的梅花蕾。從花朵形態上看，梅瓣型花萼片短圓，稍向內彎，形似梅花花瓣。捧心瓣短而圓，邊緊，向內成兜；唇瓣短而硬，不向後反捲。梅瓣型春蘭在中國傳統蘭花中佔有重要地位，有 100 多個品種。

1. 宋梅　*Cymbidium goeringii cv.*（*SongMei*）

「宋梅」是清朝乾隆年間，以發現這個品種的浙江紹興人宋錦璿的姓與花之梅瓣相結合而起的名。它萼片短闊、先端圓而有小尖，裏扣呈兜狀，萼基收細；中萼片端莊，兩側萼平伸或稍落肩。捧心瓣捲曲成蠶蛾狀，合抱於蕊柱之上，邊緣有白覆輪；唇瓣短而圓，劉海舌，端正，有 1~2 個或多個紅點（圖 2–1）。有時能開一莛雙花，香

圖 2-1　宋　梅

圖 2-2　集　圓

氣醇正，為春蘭梅瓣之典型代表。

日本蘭界將宋梅、集圓、龍字、萬字列為「春蘭四大天王」，江浙蘭界將宋梅、集圓、龍字、汪字稱為「春蘭四大名花」。

2. 集圓　*Cymbidium goeringii cv.*（*Ji Yuan*）

「集圓」這個品種由清朝道光末年一位高僧選育，因為花的萼片基部匯合處集結成圓球形而得名。它花色嫩綠，萼片稍長圓，翠綠色，兩側萼平伸。花瓣有兜，兩片合抱在蕊柱左右，蕊柱稍外露；唇瓣大而圓，端正，有紅點（圖 2-2）。由於集圓與宋梅均是高標準的梅瓣型花，被譽為春蘭「二喬」。

3. 萬字　*Cymbidium goeringii cv.*（*Wan Zi*）

「萬字」的品種名因浙江杭州的「萬家花園」首先栽培而得名。又因為在清代同治年間，浙江嘉興的鴛鴦湖畔，也發現了與此相同的品種，故又稱「鴛湖第一梅」。它花大，直徑 5～6cm；萼片黃綠色，短闊，端圓而有微突

圖 2-3　萬　字

圖 2-4　綠　英

尖，基部較狹窄；兩側萼平伸或稍向下。花瓣肉厚，有兜，質糯，有微紅點，緊貼在蕊柱之上。唇瓣稍外露，小如意舌小而圓，端正，不下垂（圖 2-3）。

4. 綠英　*Cymbidium goeringii cv.*（*Lv Ying*）

「綠英」這個品種是清朝光緒年間，由蘇州顧翔宵選育出來的。它萼片大頭，基狹窄，兩側萼向下落，少數有平伸的；花瓣短圓，形似蠶蛾；唇瓣為大如意舌，短圓，紅點清晰可見。整朵花為綠色（圖 2-4）。

5. 瑞梅　*Cymbidium goeringii cv.*（*Rui Mei*）

「瑞梅」這個品種抗戰時期產於浙江紹興，後蘇州謝瑞山購得並命名。它萼片緊圓，端有尖鋒，兩側萼平伸；花瓣端圓，分列蕊柱左右；唇瓣短圓，稍外露。花容端正，花期長，繁殖快，容易開花。是廣泛流傳的品種之一（圖 2-5）。

6. 小打梅　*Cymbidium goeringii cv.*（*Xiao Da Mei*）

「小打梅」這個品種在清朝道光年間，選育於蘇州。相

圖 2-5 瑞 梅

圖 2-6 小打梅

傳兩兄弟為此花爭打而得名。它的花小，直徑約 5cm。萼片短、厚，質軟，緊邊，端圓，兩側萼平伸或稍落肩。花瓣半硬，短圓，有兜；唇瓣圓，下掛，有 2 個紅點（圖 2-6）。

7. 賀神梅 *Cymbidium goeringii cv.*（*He Shen Mei*）

又稱鸚哥梅或簡稱哥梅。它的花直徑 4～4.5cm；萼片極圓，基部長而狹窄；兩側萼平伸或向上翹（飛肩）。花瓣短圓，兩片幾相連，覆於蕊柱之上；唇瓣圓而有角，稍下掛，紅點稍淡（圖 2-7）。

8. 逸品 *Cymbidium goeringii cv.*（*Yi Pin*）

1915 年由杭州汪登科選育出。它的萼片端圓，基部較長，狹窄，緊邊，有紫色脈紋，兩側萼平伸。花瓣質硬，起兜，蠶蛾狀；唇瓣小而圓，端正，有紅色大斑（圖 2-8）。

9. 發揚梅 *Cymbidium goeringii cv.*（*Fa Yang Mei*）

老葉斜立，花莛高，花直徑 4-5cm；萼片端圓，基部長，緊邊，翠綠色，兩側萼平伸或稍向下落；花瓣圓闊，短，分列蕊柱左右；唇瓣硬而下掛，有一大紅點在中間，

圖 2-7　賀神梅

圖 2-8　逸　品

圖 2-9　發揚梅

圖 2-10　西神梅

甚為鮮明（圖 2-9）。

10. 西神梅　*Cymbidium goeringii cv.*（*Xi Shen Mei*）

1912 年由無錫榮文卿選育。它的萼片闊，兩側萼平伸或呈「門」字肩，故顯得花大。花瓣有淺兜，邊緣平直，質柔軟有透明感，淺翠綠色。唇瓣小而圓，端正，有朱紅斑點（圖 2-10）。

圖 2-11　玉梅素

圖 2-12　二七梅

11. 玉梅素　*Cymbidium goeringii cv.*（*Yu Mei Su*）

又稱「白舌梅」，或簡稱「玉梅」。它的花大。萼片短圓，較厚，兩側萼梢向下落；花瓣質硬，合抱於蕊柱及唇瓣外側；唇瓣緊靠蕊柱，露出小半圓形，純白色，花期較早（圖 2-11）。

12. 二七梅　*Cymbidium goeringii cv.*（*Er Qi Mei*）

又稱「葉梅」，屬於荷形梅瓣的品種。在 20 世紀 80 年代，因由浙江紹興棠棣鄉渚二七選出，葉志慶分種，遂以姓和名來命名。該品種萼片略呈放角收根，緊邊，平肩；花瓣圓潤，有兜，劉海舌（圖 2-12）。形態端莊，可與宋梅相媲美。

此外，被歷代蘭家公認的名品還有：「無雙梅」（圖 2-13）、九章梅（圖 2-14）、清源梅、史安梅、天興梅、吉字、方字、桂圓梅、秦梅、永豐梅、西湖梅、梁溪梅、榮翔梅、太原梅、養安、畹香、宜興新梅、翠文、元吉梅、老代梅、翠雲、笑春、天綠、湖州第一梅、翠桃等等。

圖 2-13　無雙梅

圖 2-14　九章梅

(二) 荷瓣型

荷瓣春蘭的花萼片寬大，短而厚，基部較狹窄（俗稱收根），先端寬闊，形似荷花的花瓣，萼端緣緊縮並呈向內捲狀（俗稱緊邊）。花瓣短圓稍向內彎，但不起兜，形如蚌殼；唇瓣闊而長，反捲。

荷瓣春蘭的品種不多，以「鄭同荷」為代表。傳統的主要品種如下：

1. 鄭同荷　*Cymbidium goeringii cv.*（*Zheng tong he*）

該品種因 1908 年浙江湖州人鄭同梅選育而得名。它的花大，直徑 4.5～5cm；萼片寬厚，長而基部狹窄，先端稍有小尖，兩側萼平伸或稍下垂。花瓣短圓，合抱於蕊柱之上，蕊柱稍露出。唇瓣大而短，稍向下掛，有馬蹄形紅色斑點。花色淨綠，稍帶光澤。常有一莛雙花。為荷瓣型中典型代表（圖 2-15）。

2. 綠雲　*Cymbidium goeringii cv.*（*Lu Yun*）

清同治年間產於杭州。它的花莛短，花在葉面之下。

圖 2–15　鄭同荷

圖 2–16　綠　雲

萼片經常增加至 4–6 枚，短圓肥厚；唇瓣和花瓣也常有變化，常增加 2–3 枚；色淺綠白，無紅紫色斑紋。時常出現多花現象，古書上稱為奇種。觀賞價值較高（圖 2–16）。

3. 翠蓋荷　*Cymbidium goeringii cv.*（*Cui Gai He*）

清光緒年間產於紹興。葉短矮，肥厚，扭曲，為春蘭中葉型最短小的品種。

花莛矮小，萼片短圓；花瓣圓，覆於蕊柱兩側；唇瓣大而圓，有 U 形紅紫色斑。花色翠綠，被認為是蓋世無雙的荷瓣花，固又稱為「蓋荷」。萼片與花瓣基部稍有紫色條紋（圖 2–17）。

4. 張荷素　*Cymbidium goeringii cv.*（*Zhang He Su*）

清宣統年間產於浙江紹興棠棣鄉。又稱大吉祥素。偶有一莛雙花。萼片長闊，有透明柔軟之感。

初開時兩側萼多為平伸，後為下垂（落肩），基部稍狹窄。花瓣披針形，與唇瓣全為綠白色（素心）；唇瓣長而反捲（圖 2–18）。

圖 2-17　翠蓋荷

圖 2-18　張荷素

5. 寰球荷鼎　*Cymbidium goeringii cv.*

（*Huan Qiu He Ding*）

1922 年產於紹興。花外三瓣短圓、緊邊、收根細、質厚，一字肩，蚌殼捧，劉海舌。花色綠中帶紫紅色（圖 2-19）。在著名的《蘭蕙小史》中，「環球荷鼎」被列為荷瓣典型的名種。

6. 月佩素　*Cymbidium goeringii cv.*

（*Yue Pei Su*）

20 世紀 20 年代產於浙江上虞縣。花莛翠綠色。萼片端圓截，稍捲，基部收根，兩側萼平伸；花形整齊。花瓣厚，彎曲，2 片幾相連，覆蓋於蕊柱之上；唇瓣大而圓，端反捲，白色，基部側緣有時偶有緋紅色暈。為荷瓣素心之名

圖 2-19　寰球荷鼎

圖 2-20　月佩素

圖 2-21　文團素

品，有時一莛雙花（圖 2-20）。

7. 文團素　*Cymbidium goeringii cv.*（*Wen Tuan Su*）

又稱大學荷素。清道光年間，由江蘇蘇州周文段選育。花大，直徑 5～6cm，綠白色。萼片長而闊，兩側萼平伸。花瓣披針形，合抱於蕊柱兩側；唇瓣圓而大，色嫩白，反捲（圖 2-21）。

此外，傳統名品還有端秀荷、文豔素、如意素、寅穀素、虎山綠雲、楊氏荷素等。

(三)水仙瓣型

本型特徵是萼片稍長，中部寬，先端漸尖，基部狹窄，略呈三角形，形似水仙花之花瓣。花瓣有兜或淺兜，唇瓣大而下垂或反捲，紅點清晰可見。

在水仙瓣型中，又分為梅形水仙瓣和荷形水仙瓣；梅形水仙瓣萼片稍長，略似梅瓣，中萼片收根更為顯著；荷形水仙瓣萼片較闊，略似荷瓣。有時是因栽培方法而使花形、葉色和葉形的大小發生變化。在古書上，時有梅瓣變

圖2-22 龍 字

圖2-23 汪 字

成水仙瓣的記載。

1. 龍字 *Cymbidium goeringii cv.*（*Long Zi*）

該品種出產於浙江餘姚縣高廟山的「千岩龍脈」，故而命名為「龍字」，又稱「姚一色」。屬荷形水仙瓣。花大，直徑可達 7cm；萼片厚，緊邊，淺翠綠色，有透明感，長闊而端鈍尖；兩側萼多平伸或稍向下落。花瓣短闊，有兜，分立於蕊柱之側；唇瓣長而反捲，為大鋪舌，白色，舌面有倒品字形三個紅點（圖 2-22）。花容端莊而豐麗，栽培較易。為「春蘭四大天王」之中最為豔麗者，常與「宋梅」合稱「國蘭雙璧」。

2. 汪字 *Cymbidium goeringii cv.*（*Wang Zi*）

該品種的名字因清康熙時浙江省奉化的汪克明選育而來。萼片似荷瓣，端圓而向內捲，向前稍彎，兩側萼平伸或稍向下落。花瓣覆於蕊柱之上，稍露蕊柱前端，花瓣短而軟；唇瓣短圓，下掛而不捲，有淡紅色斑點（圖 2-23）。花耐久，容易開花，為江浙「春蘭四大名花」中名品之一。

圖 2–24　翠一品

圖 2–25　蔡仙素

3. 翠一品　*Cymbidium goeringii cv.*（*Cui Yi Pin*）

該品種在抗戰前由杭州吳恩元選出。葉半垂，花莛細長，高約 20cm，略低於葉面；鞘淡紫色，苞片淺綠白色。萼片中部寬，基部窄，端圓而微皺，色翠綠，兩側萼平伸；花瓣質軟，有淺兜；唇瓣半圓形，有鮮紅色斑點。花期早（圖 2–24）。

4. 蔡仙素　*Cymbidium goeringii cv.*（*Cai Xian Su*）

該品種於民國年間在浙江蕭山選出。葉半垂，曲線優美。萼片厚，先端寬，淡翠綠色，兩側萼平伸；花瓣質軟，有兜；唇瓣純白色，無斑點（圖 2–25）。

5. 宜春仙　*Cymbidium goeringii cv.*（*Yi Chun Xian*）

1923 年由浙江紹興阿香選育。萼片長腳圓頭，瓣中脈有一條紅色筋脈。軟觀音捧，大圓舌（圖 2–26）。

6. 春一品　*Cymbidium goeringii cv.*（*Chun Yi Pin*）

清同治年間由上海姚氏選育，故又名「姚氏春一品」。萼片長腳圓頭，觀音捧，劉海舌（圖 2–27）。

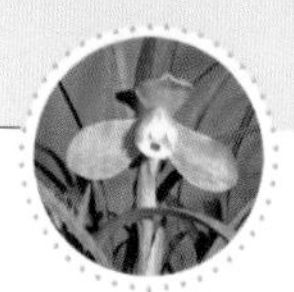

圖 2–26　宜春仙

圖 2–27　春一品

此外還有西子、嘉隆、楊春仙、太極、奇峰、姚石仙等也較為著名。

（四）蝶瓣型

蝶瓣是春蘭花被的唇瓣化的畸形變態。這類變異有些屬於偶然出現，性狀不固定，次年不再出現；有些品種性狀固定，每年都能開出蝶瓣型的花。蝶瓣春蘭的品種不多，傳統名品如下：

1. 簪蝶　*Cymbidium goeringii cv.*（*Zan Die*）

葉半立，花莛短或中長；萼片長；中萼片直立而大，有 3～5 紫脈在基部；兩側萼的下半邊增大，變成白色，向下落，中間有紫脈。

花瓣長而彎曲，向前，有紫紅斑；唇瓣長而大，反捲，白色有紅點（圖 2–28）。

2. 四喜蝶　*Cymbidium goeringii cv.*（*Si Xi Die*）

外輪萼片 4 枚對生，分居四周，呈×形；內輪花瓣 3 枚，1 枚中間居上，2 枚分居左右，各有一半增大，著色；

圖 2-28　簪　蝶

圖 2-29　四喜蝶

唇瓣在下方居中，白色有紅點（圖 2-29）。

3. 蕊蝶　*Cymbidium goeringii cv.*（*Rui Die*）

又名「三星蝶」。葉細狹，半垂；萼片狹長，基部狹窄，前端放角。花瓣變成唇瓣，長而反捲（圖 2-30）。

圖 2-30　蕊　蝶

此外，還有余蝴蝶（圖 2-31）、彩蝶（圖 2-32）、梁溪蕊蝶、合蝶、笑蝶、素蝶、迎春蝶、裏蝶、淵蝶、冠蝶、楊氏素蝶等傳統名品。

春蘭還有許多顏色鮮豔被稱為色花的品種，如金梅、桃紅朵香、金黃朵香、

圖 2-31　余蝴蝶

圖 2-32　彩　蝶

桃瓣春蘭、翠綠素、紅玉素、紫花春蘭、黃花春蘭等。這些品種主要產於雲南、貴州、四川一帶。隨著養蘭熱潮的興起，每年都有大量的春蘭新品種被培育出來，大大豐富了春蘭的觀賞類型。

第三節　蕙蘭的種類和品種

蕙蘭（Cymbidium faberi Rolfe）又稱九子蘭、九節蘭、夏蘭、一莖九花。

一、蕙蘭的形態特徵

蕙蘭根粗而長，假鱗莖不顯著。葉 5～9 片叢生，長 25～80cm，寬 0.75～1.5cm，直立性強，中下部常內折，邊緣有粗鋸齒，中脈明顯，有透明感。花莛直立，高 30～80 cm，有花 5～18 朵，苞片小；花淺黃綠色，香氣稍遜於春蘭。花直徑 5～6cm，萼片近相等，狹披針形，長 3～

4cm，寬 5～6mm；花瓣略小於萼片，唇瓣短於萼片，3 裂不明顯，側裂片直立，有紫色斑點，中裂片長橢圓形，上面有許多透明小乳突狀毛，唇瓣從基部至中部有兩條稍弧曲的褶片。花期 3～5 月。蕙蘭的分佈地域與春蘭相似。

用簡單的方法在形態上區別蕙蘭與其他蘭花，可以這麼來記蕙蘭的特徵：葉片細長有粗鋸齒，春季開花淺黃綠色，莛花 5 至 18 朵。

二、蕙蘭的主要品種

野生蕙蘭的葉片很長，經人工栽培後，往往葉片變寬、變短。由於栽培歷史悠久，有許多品種，按瓣形分為梅瓣、荷瓣、水仙瓣，蝶瓣等類；按鞘與苞片的顏色及其筋紋分為綠殼類、白綠殼類、赤殼類、赤轉綠殼類等。原品種有很多，古書記載 60～70 個，至今已大半消失。

傳統蕙蘭有老八種和新八種之說，老八種為：程梅、上海梅、關頂、元字、染字、大一品、潘綠、蕩字；

新八種是：樓梅、翠萼、極品、慶華梅、江南新極品、端梅、崔梅、榮梅。

至今有些品種已經流失了。現將主要品種的性狀介紹如下：

1. 程梅 *Cymbidium faberi cv.*（*Cheng Mei*）

該品種由清代乾隆年間江蘇省常熟的一位程姓醫生選出。程梅為赤殼梅瓣類，它的葉形較闊，環垂，長 45—50cm。花莛粗壯，淡紫色；萼片短圓，兩側萼平伸或稍下垂，唇瓣色俏（圖 2-33）。花品整齊，與「大一品」齊名，被評為赤蕙之王。

圖 2-33 程 梅

圖 2-34 上海梅

2. 上海梅 *Cymbidium faberi cv.*（*Shang Hai Mei*）

該品種在 1796 年由上海李良賓選出。屬綠殼梅瓣類。葉中細，半垂，有光澤。花莛高，有花 9 朵；花直徑 5cm，萼片基部狹窄，兩側萼平伸；花瓣半合，唇瓣短圓（圖 2-34）。

3. 關頂 *Cymbidium faberi cv.*（*Guan Ding*）

又名「萬和梅」，清乾隆時，由蘇州滸關人在萬和酒店選出。關頂梅的葉姿半垂，和程梅一樣屬大葉性。花苞赤殼，紫紅筋麻，花梗高出葉架，高達 50 公分左右，著花 8～9 朵，赤梗赤花，俗稱「關老爺」，喻其花帶紫紅色。外三瓣短圓寬大緊邊，捧瓣為豆莢捧，易交搭。大圓舌，綠苔舌上綴紫紅點塊。花色較紫暗，不夠明麗（圖 2-35），在赤蕙中排名第二。

4. 元字 *Cymbidium faberi cv.*（*Yuan Zi*）

清道光年間，由蘇州滸關愛蘭者選出。赤殼綠花梅瓣類。葉姿半斜垂，葉中闊，長可達 55cm。花莛粗壯而長，

圖 2-35　闕　頂

圖 2-36　元　字

高至 60cm。著花不多，通常 5～7 朵，萼片短圓，肉厚，兩側萼平伸。捧瓣上前端有一指形叉，為其特徵。唇瓣長而直，下掛，有大紅點。花形大，綻放直徑可達 6～7cm（圖 2-36）。

5. 染字　*Cymbidium faberi cv.*（*Ran Zi*）

赤殼類梅瓣。清朝道光時由浙江嘉善阮姓選出，亦名「阮字」。三瓣短窄深，肩平，大觀音兜捧心，大圓舌；唇瓣尖部不舒、上翹或歪斜，故俗稱為秤鉤頭老染字（圖 2-37）。

6. 大一品　*Cymbidium faberi cv*（*Da Yi Pin*）

該品種由清代乾隆年間浙江人胡少海選出，為綠殼類大荷形水仙瓣，居傳統老八種之首位。

「大一品」的葉質厚實，長 45cm，寬 1cm，環垂，有光澤。花莛粗壯，高 40～50cm，鞘及苞片基部呈白綠色，越向上綠色越深，至頂尖又稍淡。花大，直徑 6cm，淡翠綠色。萼片似荷形水仙瓣，兩側萼平展，唇瓣小而圓，為

圖 2-37　染　字

圖 2-38　大一品

如意舌（圖 2-38）。

7. 潘綠　*Cymbidium faberi cv*（*Pan Lu*）

清乾隆年間選出，因由宜興潘姓蘭友選育，又名「宜興梅」。葉姿斜披，花期比一般蕙蘭花遲開，花苞綠殼，綠梗扭挺，高齊葉架，著花 6～9 朵，花柄較長。外三瓣長腳圓頭，瓣端有缺角，肩平，花色翠綠。潘綠花相並不優美，但由於當時細花上品者較少，所以被列入傳統老八種之一（圖 2-39）。

8. 蕩字　*Cymbidium faberi cv.*（*Dang Zi*）

該品種由清代道光年間江蘇省蘇州至蕩口的小船上選出，所以也叫「小蕩」。屬於綠殼荷形水仙瓣類。葉中細，質厚，半垂，長 35～

圖 2-39　潘　綠

圖 2–40　蕩　字

圖 2–41　崔　梅

40 cm。花莛高 45cm，高出葉架，著花 7～9 朵，花形較小，外三瓣頭圓稍狹，兩側萼呈一字肩，花瓣為蠶蛾捧，五瓣分窠，唇瓣為如意舌，舌面佈滿鮮豔的紅點，為典型的小荷形水仙名品（圖 2–40）。繁殖快，容易開花。

9. 崔梅　*Cymbidium faberi cv.*（*Cui Mei*）

蕙蘭新八種之一。該品種因 20 世紀 30 年代由浙江省杭州市崔怡庭選出而得名。屬於赤殼綠花梅瓣類。花莛長，鞘紫紅色；萼片頭大，基部狹窄，質糯，肉厚，色綠，兩側萼平伸；花瓣半硬，唇瓣伸長，為龍吞舌（圖 2–41）。

10. 金嶴素　*Cymbidium faberi cv.*（*Jin Ao Su*）

該品種因清代道光年間發現於浙江餘姚縣金嶴山而得名。又名「泰素」。屬於綠殼荷形水仙瓣類。葉較細，斜直立，先端尖銳，長約 45cm。花莛細長，高 50 ～60cm，綠色。唇瓣綠白色。無紫紅點（圖 2–42）。花期長，繁殖快，容易開花，為流傳較多的名種。

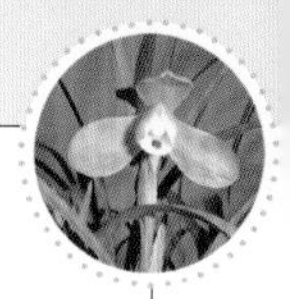

圖 2-42　金嶴素

圖 2-43　解佩梅

11. 解佩梅　*Cymbidium faberi cv.*（*Jie Pei Mei*）

該品種在 20 世紀 20 年代由上海張姓選出，屬於赤殼綠花梅瓣類，葉細狹長，呈弓形。

花莛細長，花蕾剛舒瓣時花形稍小，漸後越放越大，花姿挺秀。萼片翠綠，緊邊，端圓；花瓣白玉色，唇瓣圓，大如意舌（圖 2-43）。

12. 彩蝶　*Cymbidium faberi cv.*（*Cai Die*）

又稱「翠蝶」。由江蘇省無錫市沈淵如於 1936 年選出。屬於綠殼綠花荷形蝶瓣類。葉直立，先端尖。萼片厚闊，側萼片下半幅呈唇瓣化，花瓣翠綠，有濃豔朱點，宛如翠蝶飛舞（圖 2-44）。

圖 2-44　彩　蝶

近代也選育出了許多名種，如洞庭春、虞頂、留春、朵雲、常熟新梅、翠迪、銀河霞、雙藝玉蕙、翔聚、奇梅、上捧蝶、齒舌素、神雕、騰飛、金花素、剪捧素、穗蕙、珍珠塔等。

第四節　建蘭的種類和品種

建蘭〔Cymbidium ensifolium（L.）Sw〕又稱四季蘭、劍蕙、雄蘭、駿河蘭、秋蕙、劍葉蘭、夏蕙。

一、建蘭的形態特徵

建蘭長根粗如筷子，常有分叉。假鱗莖比較大，微扁圓形，集生。葉 2～6 片叢生，長 30～70cm，寬 0.8～1.7cm，薄革質，黃綠色，略有光澤，中段增寬而平展，頂端漸尖，主脈居中，明顯後凸，邊緣有極細而不甚明顯的鈍齒。花莛直立，高 25～35cm，常低於葉面，通常有花 4～9 朵，最多可達 18 朵；苞片長三角形，苞片基部有蜜腺。花淺黃綠色，直徑 4～6cm，有香氣。萼片短圓披針形，長 3cm 左右，寬 5～7mm，淺綠色，有 3～5 條較深的脈紋。

花瓣色較淺而具紫紅色條斑，相互靠攏，略向內彎；唇瓣卵狀長圓形，3 裂不明顯，側裂片淺黃褐色，中裂片反捲，淺黃色帶紫紅色斑點。花期在 7～10 月份，有些品種在 12 月開花，有些植株從夏季到秋季開花 2～3 次，所以建蘭又稱為「四季蘭」。

用簡單的方法在形態上區別建蘭與其他蘭花，可以這

麼來記建蘭的特徵：假鱗莖扁圓比較大，葉片中寬頂端尖，7 月開花到 10 月，莛花多數 4～9 朵。

二、建蘭的分佈區域

建蘭多分佈於福建和與福建相毗鄰的浙江、江西、廣東，另外在廣西、四川、貴州、海南、湖南、雲南、安徽、臺灣等地，東南亞及印度等國皆有分佈。

三、建蘭的主要品種

建蘭在我國栽培歷史悠久，品種也有很多。大體上分為彩心和素心兩大類。彩心建蘭的花莛多為淡紫色，花被有紫紅色條紋或斑點；素心建蘭則花被無點紋，多為栽培品種，野生的極少發現。

(一)素心類

1. 鐵骨素　*Cymbidium ensifoliumcv.*（*Tie Gu Su*）

立葉，質硬，用手拭葉易自中脈開裂，「鐵骨」之名因此而得。葉長 33cm，寬 1.1cm。花小型，直徑 4cm 左右；花 4～5 朵；花莛細，花淺白色；香氣濃（圖 2-45）。在栽培的過程中不易開花，不能多分株，喜群居。

圖 2-45　鐵骨素

圖 2–46　魚　枕

圖 2–47　銀邊大貢

2. 魚枕　*Cymbidium ensifolium cv.*（*Yu Zhen*）

又稱玉枕或玉枕蘭，為鐵骨素的一種變異。半立葉，莛花多達 12 朵，花為水色，入水不見（圖 2–46）。我國最早的一部蘭花專著《金漳蘭譜》就將「魚枕蘭」推崇為奇品，隨後歷代蘭家都將其視為珍品，一直流傳至今。

3. 銀邊大貢　*Cymbidium ensifolium cv.*（*Yin Bian Da Gong*）

垂葉，有光澤，葉長 40cm，寬 1.6cm，葉緣有白色線條。花中有淡紫色斑點。為一名貴品種（圖 2–47）。

4. 金絲馬尾　*Cymbidium ensifolium cv*（*Jin Si Ma Wei*）

葉小，垂彎，有光澤，葉脈 5～7 條為黃色，葉脈也為金黃色。9 月下旬開花，花被無紫紅色斑。為名貴小品（圖 2–48）。

5. 龍岩素　*Cymbidium ensifolium cv.*（*Long Yan Su*）

花中型，4～11 朵。葉長 53cm，寬 1.6cm（圖 2–49）。

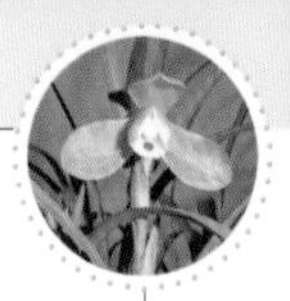

圖 2-48　金絲馬尾

圖 2-49　龍岩素

產福建龍岩，為素心建蘭流傳最廣的品種之一。有大葉及矮腳之別，變異品種多達 10 餘個。

6. 龍岩十八開　*Cymbidium ensifolium cv.* (*Shi Ba Kai*)

又稱「龍岩十八開」。葉半弓垂，上半部彎曲，長 40～50cm，寬約 2cm，有光澤。花莛青白色，高 45cm，伸出葉面，有花 7～8 朵，淺白色，培育健壯的植株，花莛上可開出 18 朵香白花（圖 2-50）。產福建龍岩，為素心建蘭傳統佳種之一。

圖 2-50　龍岩十八開

此外，還有金邊仁化、大鳳尾素、上杭素、軟葉仁化、十三太保、大葉白、白杆素、朝天素、永安素、天臺素，白雲素、荷花素、鐵

圖 2-51　玉皇梅

圖 2-52　金　荷

圖 2-53　富山奇蝶

綠素、無雙、碧玉素、觀音素心、雙鳳素等百餘種。

(二)彩心類

彩心建蘭花朵豔麗，瓣形豐富。目前蘭屆也將它們分為梅瓣、荷瓣、蝶瓣、奇花和複色花等類型。

梅瓣類的名品有：玉皇梅（圖 2-51）、嶺南第一梅、雪梅、金魚梅、蠟梅、金秀梅、蜀梅、一品梅、如意梅、飄門梅、珍珠梅、綠梅、紅梅、彩梅、玉梅、聖梅、王子梅、綠彩梅、鸚洲梅、小龍梅、蜻蜓戲梅、嘉州秀梅等。

荷瓣類的名品有：金荷（圖 2-52）、玉腮荷、雄獅荷、大圓荷 、荷王、五彩荷、金皺虹荷等。

水仙瓣類的名品有：紅仙、粉紅仙、瓜子仙、小鳳

仙、紅條水仙、彩仙、荷仙等。

蝶瓣類的名品有：富山奇蝶（圖 2–53）、玉彩捧蝶、飛鳳奇蝶 、復興奇蝶、文君奇蝶、胭脂奇蝶、三元奇蝶、荷晶奇蝶、阿里奇蝶 、重台彩蝶、玉山奇蝶、東方獅、多萼奇蝶、聖光、金菊、戴花蝶等等。

奇花類的名品有：貓鷹、雄獅、多瓣奇花、佛手素菊等。

複色花類的名品有：綺彩、競豔、四季複色花、鐵骨複色花等。

第五節　寒蘭的種類和品種

寒蘭（Cymbidium kanran Makino）的形態與建蘭相似，但根略比建蘭細而有分叉。寒蘭的新苗葉中脈兩側色白亮，占整片葉寬的 1 / 3，猶如中透縞藝，其雙側的綠色部分有明顯龍骨節狀的隱性綠色斑紋。這些特徵是寒蘭獨有的，是鑒別寒蘭的最準確依據。

一、寒蘭的形態特徵

寒蘭假鱗莖長橢圓形，集生成叢。葉鞘長而薄，成苗後張離。葉腳高，葉柄環明顯。葉較狹窄，尤其是葉基部更窄。葉 3～7 片叢生，直立性強，長 35～70cm，寬 1～1.5cm，寬葉品種長 60～110cm，寬 1.5～2.2cm。葉脈明顯並向葉背凸起，中脈和側脈溝明顯，先端漸尖或長尖，葉全緣或有時近頂端有細齒。花莛直立，花疏生，開花時花莛上有花 5～10 朵。

萼片廣線形，長約 4cm，寬 0.4～0.7cm，頂端漸尖；花瓣短而寬，唇瓣不明顯 3 裂，側裂片半圓形，直立，中裂片乳白色，中間黃綠色帶紫色斑紋，唇盤由中部至基部具 2 條相互平行的褶片，褶片黃色，光滑無毛。有香氣。花期因地區不同而有差異，自 7 月起就有花開，但一般集中在 11 月至翌年 1 月。

用簡單的方法在形態上區別寒蘭與其他蘭花，可以這麼來記寒蘭的特徵：新苗葉中脈兩側白，假鱗莖形狀長橢圓，開花大多在冬季，莛花 5～10 朵。

二、寒蘭的分佈

寒蘭在我國分佈於稍偏南山區。如：湖南、江西、福建、浙江、安徽、廣東、廣西、海南、雲南、貴州、四川、臺灣等地。日本亦多分佈。

三、寒蘭的主要品種

(一)根據開花時間和花色分類

寒蘭多為冬季現花，但也有春暖開花的春寒蘭，盛夏開花的夏寒蘭，秋爽而開的秋寒蘭。

根據寒蘭的花色分為四類：

1. 青寒蘭（*Cymbidium kanran f. viridescens Makino*）

花被淡綠白色或黃綠色（圖 2–54）。

2. 青紫寒蘭（*Cymbidium kanran f. purpureoviridescens Makino*）

花被青綠色稍帶紫色，可能是青寒蘭青紫蘭之間的雜交後代（圖 2–55）。

圖 2-54 青寒蘭

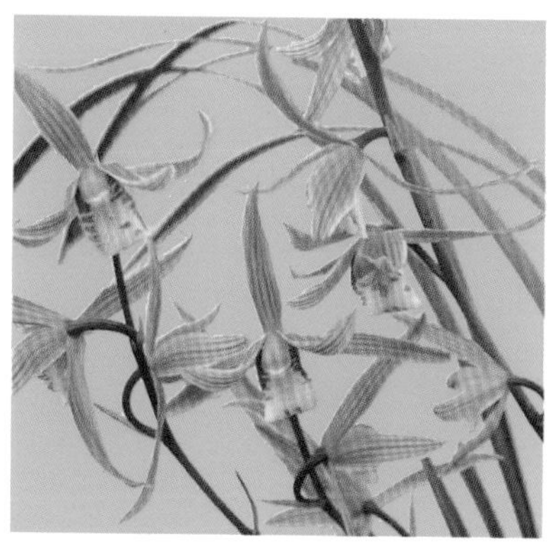

圖 2-55 青紫寒蘭

圖 2-56 紫寒蘭

圖 2-57 桃腮素

3. 紫寒蘭（*Cymbidium kanran f. purpurescens Makino*）花被紫紅色。產於臺灣、福建（圖 2-56）。

4.紅寒蘭（*Cymbidium kanran f. purpurescens Malino*）花被微帶紫紅色。

（二）根據素心、素唇、花形分

（1）素心品種主要有：桃腮素（圖 2-57）、紫杆

圖 2-58　子母花

圖 2-59　五彩寒蘭

素、淡綠素、雪白素、翠綠素、牙黃素、赤殼素等等。

（2）素唇品種其唇瓣除了鑲邊之外，整體色澤單一，全無間灑異色點斑塊。這類品種也稱為素舌。如白舌的白笑玉；紅舌的紅玉；黑舌的墨神；黃舌的黃玉；綠舌的翠玉等。

（3）蝶花類品種主要有飛蝶、捧緣蝶、花朝蝶、捧瓣蝶、副瓣蝶、蕊蝶等。

（4）奇花類品種主要有子母花（圖 2–58）、翠玉奇、綠彩全奇、寒珠、硬捧、菊瓣等。

（5）花藝品種主要有五彩寒蘭（圖 2–59）、仙鶴鳴翠、淑女姬、白娘子、金鈴、紅翅魚等。

第六節　墨蘭的種類和品種

墨蘭〔Cymbidium sinense （Andr.） Willd.〕因其花期多在春節期間，所以又稱報歲蘭、拜歲蘭、豐歲蘭、入歲

蘭、入齋蘭。

一、墨蘭的形態特徵

墨蘭根粗而長。假鱗莖橢圓形，粗壯。株葉4～5片叢生，劍形，直立或上半部向外弧曲，長45～80cm，寬2.7～5.2cm，葉緣微後捲，全緣，頂端漸尖，基部具關節。花莛由假鱗莖基部側面抽出，直立，通常高於葉面，一半在葉叢面之下，一半在葉叢面之上，為特大出架花。花莛上有花7～21朵，多可達40餘朵。萼片狹披針形，長2.8～3.3cm，寬5～7mm；花瓣較短而寬，向前伸展合抱，覆在蕊柱之上，花瓣上具7條脈紋；唇瓣3裂不明顯，淺黃色而帶紫斑，側裂片直立，中裂片端下垂反捲。花期9月至翌年3月。

用簡單的方法在形態上區別墨蘭與其他蘭花，可以這麼來記墨蘭的特徵：假鱗莖橢圓較粗壯，葉片寬劍形邊全緣，花期秋季到翌春，莛花7～20朵。

二、墨蘭的分佈

墨蘭多分佈於臺灣、福建、廣東、廣西、雲南、海南和四川的部分地區。印度支那、緬甸、印度也有分佈。

三、墨蘭的主要品種

墨蘭在我國栽培歷史悠久，品種很多。可分為素心、梅瓣、荷瓣、蝶瓣、奇花等多種類型。

(一)素心類

素心墨蘭又稱白墨蘭，簡稱「白墨」。指全花沒有任

圖 2-60　企劍白墨

何異色的點、線、斑、塊的全素心花。白墨花容素雅，幽香四溢，栽培歷史悠久。

1. 傳統素心名種

墨蘭的傳統素心名種有企劍白墨和軟劍白墨兩個品系。

企劍白墨品系的特點是株葉緊湊而直立，葉片不下垂，僅老葉會有半弓垂。葉與葉之間的開幅度小，葉質厚實。葉面青黃，富有光澤。

該品系在清代的《嶺海蘭言》一書中所記載的品種，目前大部分都流傳了下來。該品系主要品種有企劍白墨（圖 2-60）、雲南白墨、仙殿白墨、玉殿白墨、短劍白墨、柳葉白墨、李家白墨、玉版白墨、早花江南白墨、銀絲白墨、茅劍白墨、匙尾白墨等。

軟劍白墨品系的特點是株葉為近似弧垂葉態。大部分品種葉形寬闊，常寬達 5cm 以上，葉端有微扭，花莛也可有不同程度的彎曲，有的葉面有指印模。它的萼色青，瓣色白，莛花 18～20 朵。該品系主要品種有綠墨素、山城綠、綠儀素、軟劍白墨等。

2. 新素心名種

新素心名種主要有中斑白墨（圖 2-61）、琥珀素、綠雲、綠英、玉蘭花、易升錦、黃金寶、黃玉、碧綠等。

(二) 梅瓣類

主要品種有閩南大梅（圖 2-62）、南海梅、南國紅

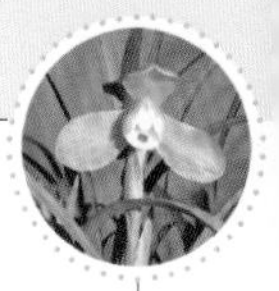

圖 2-61　中斑白墨

圖 2-62　閩南大梅

梅、嶺南大梅、如意梅、梅仙等。

（三）荷瓣類

主要品種有荷妹（圖 2-63）、奇龍、飄香、望月、玉如意 、桂荷、金荷等。

圖 2-63　荷　妹

（四）蝶瓣類

主要品種有喜菊（圖 2-64）、花溪荷蝶、飄逸、鑽石、天涯奇蝶、仙蝶、雙蝶、蘭陽奇蝶、邵氏奇蝶、華光蝶、乾坤蝶、鳳蝶、黃金蝶、彩虹蝶、文山仙蝶、龍泉蝶、三雄紅蝶、奇香蝶、六合奇蝶、國光蝶等。

（五）奇花類

主要品種有文山奇蝶（圖 2-65）、大屯麒麟、國香牡

圖 2-64　喜　菊

圖 2-65　文山奇蝶

丹、馥翠、玉獅子、神州奇、珠海漁女、金菊、佛手、石門奇花、九州彩球等。

(六) 花藝類

主要品種有玉妃（圖 2-66）、天賜錦、福祿壽、桃姬、玉松 、雙美人、黃道、金鳥、小紅梅、紅玉等。

(七) 超級多花名種

墨蘭莛花朵數，一般是 7～13 朵，14～17 朵為多花品種。莛花朵數達 20 朵以上的稱為超級多花品種。

主要品種有多花白墨、帝墨、香報歲等。

(八) 秋墨 (新變種) Cymbidium sinense var. autumale Y. S. Wu var. nov.

也稱「榜墨」，因其花期在秋季（一般在八九月），並常有黃色或青黃的花被，借黃色的皇榜（金榜）結合花期在金秋而喻之「秋榜」。以區別於春節前後開花的墨蘭。花期特早，一般在 9 月開花。主要品種有秋榜（圖 2-67）、秋香、秋白墨、白粉墨、榜墨素等。

圖 2-66 玉 妃

圖 2-67 秋 榜

第七節　春劍的種類和品種

春劍（Cymbidium longibracteatum Y. S. Wu et S. C. Chen）原來認為它的形態與蕙蘭比較相近而作為蕙蘭的一個變種，後來蘭花專家根據它的葉型和花型，將它從蕙蘭中分離出來，成為一個獨立種。

一、春劍的形態特徵

春劍根粗細均勻；假鱗莖比較明顯，圓形。葉片 5～7 枚叢生，劍形，長 50～70cm，寬 1.2～1.5cm，邊緣粗糙，具細齒，先端漸尖，中脈顯著，斷面呈 V 形，直立性強。花莛直立，高 20～35cm，有花 3～5 朵，少數可多至 7 朵；萼片長圓披針形，長 3.5～4.5cm，寬 1～1.5cm，中萼片直立，稍向前傾，側萼片稍長於中萼片或等長，左右斜向下開展。

花瓣較短，長 2.5～3.1cm，寬 1～1.3cm，基部有 3 條紫紅色條紋；唇瓣長而反捲，端鈍。花期 1～4 月。春劍主要分佈在我國的四川、雲南、貴州等省。

用簡單的方法在形態上區別春劍與其他蘭花，可以這麼來記春劍的特徵：假鱗莖圓形較明顯，葉片窄劍形有細齒，花期冬春 1～4 月，莛花多為 3～5 朵。

二、春劍的主要品種

1. 素心類

主要名品有隆昌素（圖 2–68）、翠玉梅、綠錦、銀杆素、玉荷素、大荷素等。

2.梅瓣類

主要名品有皇梅（圖 2–69）、玉海棠、雙喜梅、鷹嘴梅、中華紅梅、如意梅、一點梅、端圓梅、御前梅等。

圖 2–68　隆昌素

圖 2–69　皇　梅

3. 荷瓣類

主要名品有中意荷（圖 2–70）、春劍大富貴、憨璞荷、神龍荷、黃花荷瓣等。

4. 仙瓣類

主要名品有西蜀道光（圖 2–71）、桃紅素、翠仙、紅花等。

5.瓣　類

主要名品有金冠荷蝶（圖 2–72）、冠蝶、璞秀蝶、烏梟荷蝶、紅搬蝶等。

6.花　類

主要名品有盛世牡丹（圖 2–73）、巴山牡丹、中華奇珍、梁祝、余氏奇星、群蝶爭春、彌陀佛、冰心奇龍、五彩麒麟、聖麒麟、五福臨門、榮華牡丹等。

圖 2–70　中意荷

圖 2–71　西蜀道光

圖 2-72　金冠荷蝶

圖 2-73　盛世牡丹

第八節　蓮瓣蘭的種類和品種

蓮瓣蘭（Cymbidium Lianpan Tanget Wang）因其花萼上的脈紋與蓮花瓣上的筋脈相似，故而得名。

一、蓮瓣蘭的形態特徵

蓮瓣蘭葉質較軟，多弓形彎曲，長 35～50cm，寬 0.4～0.6cm，花莛低於葉面，鞘及苞片白綠色或紫紅色。有花 2～4 朵，稀 5 朵，花直徑 4～6cm，以白色為主，略帶紅色、黃色或綠色。萼片三角狀披針形，花瓣短而寬，向內曲，有不同深淺的紅色脈紋；唇瓣反捲，有紅色斑點。有香氣。花期 12 月至翌年 3 月。蓮瓣蘭主要分佈在我國的雲南西部。

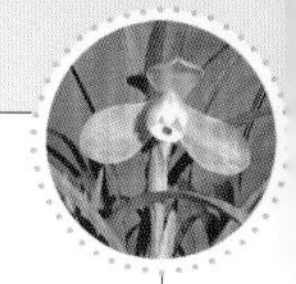

用簡單的方法在形態上區別蓮瓣蘭與其他蘭花，可以這麼來記蓮瓣蘭的特徵：葉質較軟多弓彎，花瓣短寬有紅脈，花期 12 月份至翌年 3 月份，莛花多為 2～4 朵。

二、蓮瓣蘭的主要品種

蓮瓣蘭有不少變異，梅、荷、水仙各式瓣型都有，花色有紅、黃、綠、白、麻、紫等各色懼全。

(一) 素心類

主要名品有：

1. 小雪素　*Cymbidium Lianpan cv.*（*Xiao Xue Su*）

花莛直立，高出葉叢，花 3～5 朵，直徑 4～5cm，兩側萼向下垂。花被白色或綠白色。無紅色斑（圖 2-74）。

圖 2-74　小雪素

圖 2-75　大雪素

圖 2-76　玉龍梅

花香清遠。花期 2～3 月份。為雲南名花之一。小雪素在雲南當地栽培年代久遠，民間選育出多種類型，形成了一個品系。從植株的株形上可分為：高杆、中杆、矮杆三種類型。從花色上可分為：白杆白花，綠杆綠花，綠杆白花。花均為柳葉瓣，唇瓣捲，歪斜（極少有端正的）。

2. 大雪素　*Cymbidium Lianpan cv.*（*Da Xue Su*）

因其花在 1 月可現，又稱元旦蘭。為較長的荷型花。花莛高 25～30cm，軸綠色，鞘與苞片綠色，花 2～5 朵，常見的是 4～5 朵，少數可達 7 朵，花徑 6～7cm，花瓣長 3.5～4cm，花被白色，有嫩綠色脈紋，唇瓣白色，微反捲（圖 2-75）。花期 1～3 月份。

此外還有蒼山瑞雪、寶姬素、高品素、碧龍玉素、奇花素等。

(二) 梅瓣類

主要名品有玉龍梅（圖 2-76）、點蒼梅、滇梅、雲鶴梅、狀元梅、黃珠梅等。

圖 2–77 荷之冠

圖 2–78 紅寶石

圖 2–79 梁祝三星蝶

（三）荷瓣類

主要名品有荷之冠（圖 2–77）、貴妃、寬葉金黃荷、一捧雪、大雲荷、會理荷、秀鼎荷、端秀荷、一品荷、綠筋荷、粉綠荷、赤嘴荷等。

（四）水仙瓣類

主要名品有紅寶石（圖 2–78）、裕菊紅、紅蓮瓣、水仙紫、紅素等。

（五）蝶瓣類

主要名品有梁祝三星蝶（圖 2–79）、碧龍奇蝶、碧龍蝶、劍陽蝶、桃園蝶、馨海蝶、粉彩梅蝶、玉兔蝶、蒼山

圖 2-80　劍湖奇

奇蝶、四喜玉蝶、五彩肩蝶、汗血寶馬等。

(六)奇瓣類

主要名品有劍湖奇（圖 2-80）、大唐鳳羽、錦上添花、領帶等。

以上介紹的這些蘭花名品，只是眾多蘭花品種中的「冰山一角」，而且大部分是傳統的觀花品種，不包括現代蘭花中大量的觀葉品種和複色花品種。

隨著家庭養蘭事業的普及，還會有更多更美的新品種不斷湧現。或許就有些新、奇、優、特的蘭花品種出現在我們自己辛勤培育的蘭圃中。

第三章
優良蘭花的選購

「好種出好苗，好苗開好花。」種養蘭花與種植其他花卉植物的道理都是一樣的，良種壯苗才能開出飽滿秀美的花朵。一般我們家庭養蘭，除了少數是自己從山區採集的以外，基本上都是從市場或由其他途徑選購而來的。

在蘭花栽培日益普及的今天，許多家庭養蘭已經不再滿足於自我欣賞，而是逐漸擴大種植規模，將養蘭作為一種投資。

因此，無論是老蘭友還是新蘭友，大家談論最多、最為關注、也最為擔心的問題基本上都是新買的蘭苗能不能栽活，栽活了以後能否年年開花，栽植多了將來能不能出手。所以說：選購貨真價實的蘭花良種和壯苗，是保證蘭花栽培成功的第一步。

第一節　選購的蘭苗要健壯

一些初學養蘭的愛好者會常常會遇到這樣的情況：蘭花年年春天買，而年年秋天死，更談不上蘭花年年開了。究其原因，除了少數蘭花是屬於栽植後養護不當，導致植株過夏枯死的以外，最主要的原因還在於蘭苗有問題。

一般說來，每年春季上市的蘭花，多是從江南各省運來的幼苗。許多蘭苗在原產地起苗時傷根過多，加上長途

運輸，經過風吹日曬，很容易受寒傷熱，使其根、枝、花等受到不同程度的損傷，從而成活率不高。因此，要讓蘭花年年開，前提是提高蘭花成活率，選購壯苗。

一、不要買小苗弱苗

我們在選購蘭花的時候千萬不要圖便宜，購買那些價格低的小苗弱苗。雖然同樣的資金可買多於壯苗數成倍的小苗弱苗，可是，小苗弱苗復壯週期長，蒔養難，見花難，不容易栽活。所以，買蘭花寧可多出些錢，也一定要選購健壯的蘭苗。壯苗不僅風韻佳美，令人賞心悅目，而且生命力旺盛，易種活，能長好，發芽率高，壯苗所繁衍的新株又多是多葉的壯苗。壯苗引種後，當年或翌年便可應期開花，且花多、花大、色豔、香濃，能早早欣賞到它的風姿，享受到它的馨香。

二、不要買假鱗莖小的苗

蘭花的假鱗莖是貯藏水分和養分的「倉庫」，假球莖的好壞、大小對蘭花的生長、健康、生根、發芽、開花都起著關鍵性的作用。不同種類的蘭花假鱗莖大小也有所不同，但在購買同一種蘭花的時候，假鱗莖大的要比假鱗莖小的養分貯藏多，生命力要健壯。選購時不僅要用眼睛看大小，還要用手輕輕捏捏蘭苗的假鱗莖，一般飽滿堅挺的才是健壯的。

三、不要買蘭根不好的苗

蘭花的根起著固定蘭株和給蘭株運輸水分、養分的作

用。根的好壞，對蘭花的生長、發芽、開花都非常重要。買蘭時不僅要選擇苗根圓潤、粗壯、完整的苗，還要看根色。俗話說：「白根壯，黃根病，黑根死」。選購時，還特別要注意根系是否受凍。

受凍的表皮呈半透明水漬狀，生長健壯的根系表皮多呈堊（白土）色或淡灰色。所以無論多麼好的品種蘭，只要是短、斷、爛、黑、黃根，最好不要買它。

四、不要買葉片少的蘭苗

買蘭草有一種說法叫「春四夏三」。就是說春蘭有四片葉算一苗，三片葉不成苗或算半苗；而建蘭則可以買三片葉的苗。

根據各個品種蘭的特點，一般在選苗時可以這樣參考：春蘭四片葉，蕙蘭七片葉，建蘭三片葉，墨蘭四片葉，寒蘭四片葉，春劍五片葉，蓮瓣蘭六片葉為一株苗購買。

五、不要買單株的蘭苗

不論哪種國蘭，購買時不能買單株，至少也要有兩株連體成簇的。因為蘭性「喜聚簇而畏離其母」，拆散單植，失去了同舟共濟的生存條件，抗病性弱，不易成活。即使種活了，其所繁衍的下代，也多是僅有 2 片葉的弱小苗，復壯週期長，開花慢。所以，最好是購買 3 株以上連體成叢的，特別是蕙蘭要購 4 株以上一兜的為好（圖 3-1）。

六株連體蘭苗

圖 3–1　連體蘭苗

六、不要買有病生蟲的蘭苗

購蘭時一定要認真檢查每一個葉片的表面，看是否有不容易看到的病斑，如拜拉斯病等。更要注意查看葉鞘內是否有介殼蟲和白粉虱等害蟲。蘭苗如果生有害蟲往往可以直接看見，但蘭花病毒病害則需要小心鑒別。因為蘭花病毒不僅會傳染，而且至今尚無根治它的藥物，被稱為蘭花的癌症或愛滋病。所以選購蘭苗時，應格外留心，切勿將它當作線藝蘭誤買。

購買時鑒別蘭花病毒的方法是：先將蘭株對著亮光進行透視，如在葉片上發現有不規則的縱向線段樣條形斑，斑界不整齊，有輕度擴散狀，斑色淺黃或乳白而透葉底，便是拜拉斯病毒。

它在初現病毒症時，病毒斑附近的部分，常有輕度脫水樣的褶皺，並伴有褶皺部分之葉緣後捲。褶皺和捲緣很

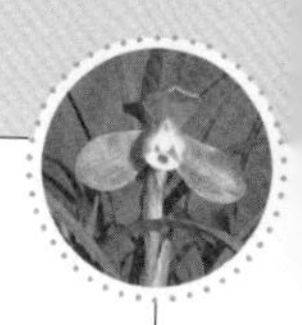

顯眼的，其病斑有輕度凹陷，斑紋沒有光澤；如斑紋色為赤褐色的，便是晚期病毒症。

總之，購買蘭花時要仔細挑選。選根系壯，完整或受損傷少，根色新嫩而不發黑或中空的；葉叢齊全，新鮮、濃綠和株形勻稱端正的；葉束繁多的，葉色鮮綠而發亮，無黑斑或枯黃，花蕾飽滿，苞片脈紋清晰的。根系自然連結成大塊，每株生有 4～5 個葉束者較為理想。

第二節　選擇的品種要優良

要讓蘭花年年開，品種選擇是基礎，許多養蘭專業戶，都有自己的品種和品牌。有人說：收一個好品種就是財富，養一批好蘭花就是效益。這話不無道理。養蘭選品種，一定要因地制宜，結合實際，考慮市場需求，量力而行。

一、選擇蘭花種類和品種要因地制宜

如果你是初次種養蘭花，在尚未真正掌握養蘭的基本知識之前，應當結合自己的實際情況，選種最適合於當地種養的蘭花種類和經馴化成熟的下山苗。

選擇最適合於當地種養的種類比較符合種植業通行的因地制宜原則。當地人通常以種養哪類蘭為主，咱們就選擇以哪類蘭為主。

如江浙一帶以春蘭為主；四川、貴州以春蘭、春劍為主；雲南以蓮瓣蘭為主；廣東、廣西、福建以及港臺以墨蘭、建蘭為主。因為當地人就是選擇最適合當地生態條件的

品種來種植的。而且在種養過程中，如有什麼疑難問題，也能較容易找到諮詢的對象。養蘭成功的係數就較高。

選種經馴化成熟的下山苗比較容易成活。因為此類蘭苗，還保留著一定的野性，不那麼嬌嫩，相對較易養好。

二、引種新奇特品種要謹慎

蘭花的新、奇、特品種一般都具有較強的市場競爭力。所謂「新」，就是前所未有；所謂「奇」，就是離宗別譜；所謂「特」，就是獨樹一幟。但引種新、奇、特品種要特別謹慎。

一是因為新奇特品種價格昂貴，萬一種不活，損失比較大；二是新奇特品種有些相對比較嬌嫩，比較難養；三是新、奇、特品種具有時間性，今天是新奇，過一段時間，又會出比它更新奇的品種，不僅株價大大下滑，甚至無人問津。

再說真實的新、奇、特品種，數量相當少，追求者又多，只有極少數行家能買到真實的新、奇、特品種，多數是上當受騙的。因此，選購時不要趕潮流，過急地追求新、奇、特品種，也不要有僥倖心理存在。

三、要關注傳統蘭花名品

傳統名蘭之所以能夠數百年久盛而不衰，是它們自身不凡的魅力所決定的。凡曾領略過傳統名品蘭花風采的，都會被它們的卓越風姿所打動。

如春蘭傳統品種的「四大天王」，初見時往往不覺得特別，當您看了許多新品之後，再回頭來看它們，便會覺

得「四大天王」花相端莊，美不勝收。尤其新的蘭花愛好者，對傳統名品，總是夢寐以求。

目前我國蘭花批量出口的，也都是傳統蘭。如建蘭中的「小桃紅」，墨蘭中的「企墨」、「企劍白墨」、「金嘴墨」、「銀邊墨蘭」等，年年都有批量出口。每一種傳統蘭，都會有其獨自的風采和不凡的魅力。對於經營者來說，應考慮適銷對路；對於以觀賞為目的養蘭者，最好多收集傳統名品，使自己擁有豐富的品種。

四、引進種苗要少而精

我們引進蘭花品種，要本著少而精的原則，做到心中有數，不濫買品種。

「少」指購買品種的量要予以控制。少則不雜亂，易管理。因為家庭養蘭的場所總是有限的。如果愛蘭心切，見蘭就買，盲目擴大養蘭規模，把有限的養蘭場所，塞得水泄不通。

這不僅給管理帶來諸多不便，而且嚴重地影響蘭株的通風透氣，使蘭花生長不良，造成精神負擔，反而違背了養蘭調節心境，修身養性的初衷。

「精」指購買品種的品位要高。精則有特色，潛力大。引進了適量的富有特色的品種，陳列有序，品種的特色顯露，足以陶冶情操，緩解緊張情緒，慰藉身心疲勞。另一方面，富有特色的精品魅力不凡，多能久盛不衰，升值的期望比較大。

五、品種的選擇要注意市場導向

不同的人蒔養蘭花有不同的目的，有的是為了陶冶情操，注重精神享受；有的是為了維持生計，養家糊口；有的是為了發家致富。如果將蘭花作為一種產業發展，必須由產品變為商品，在市場上交易流通，才能實現價值，因此，必須遵循價值規律、市場規律，以市場需求為準繩，以市場為導向來選擇蘭花品種。

蘭花投資者，選準品種首先必須充分瞭解廣大蘭友在想什麼。善於留心觀察和思考蘭友，特別是一些養蘭大戶、營銷大戶在想什麼，發展什麼品種，經常接觸一些蘭友，開展一些必要的諮詢活動，參加一些蘭事活動，總結前人發展蘭花的思路、方式方法和行銷策略，從中捕捉有價值的資訊，借別人的腦袋、別人的智慧發展自己，幫助你進行投資決策，選準適銷對路的蘭花品種。

其次必須找準市場在什麼地方。從世界和全國範圍來講，各個地方的地產蘭花也在不斷交流、互相滲透、優勢互補、互相融合，但是由於資源不同、觀賞角度不同、習慣不同，市場需求也就不同，所以，蘭花產業發展具有明顯的地域性和區域性。

蘭花投資者必須充分考慮將來發展的市場在哪裏，做到心中有數，切忌盲目購蘭。

六、不要買不見花的蘭苗

不論哪類品種的國蘭，要想得到瓣型好的上品蘭花，必須堅持見花購買的原則，否則很難得到滿意的蘭花。特

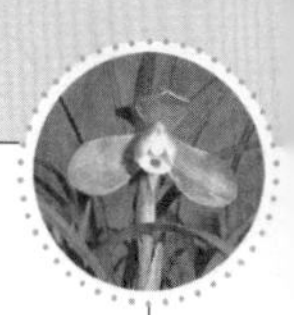

別是蕙蘭，如不見花就更難得到好的品種。但早春在市場上購買剛下山的蘭草時，可以由看「殼」買苗（圖 3-2）。

圖 3-2　看「殼」買苗

「殼」即是苞片。常以其顏色而為名，有綠殼、白殼、赤轉綠殼、水銀紅殼、赤殼等。又因苞片上常有披異色筋絡、間或灑泛沙暈的，故而又有深綠殼、淡青殼、竹葉青殼、竹根青殼、粉青殼、青麻綠殼、白麻殼、紅麻殼、荷花色殼、深紫色殼、豬肝赤殼等。

其中以水銀紅殼、綠殼、赤轉綠殼最易出名花。如蕙蘭苞殼的腹部筋絡間滿布沙暈，又有如圓珠般凸出狀的小粒，殼色不過分明亮，屢有梅瓣花、水仙瓣花出現。蕙蘭花蕾苞殼緊圓粗壯，下部整足，一般多開荷形大瓣子花。

看殼辨花品，有很多學問。按殼的質地分，有厚與薄、軟與硬、老與嫩之別；按形態分，有長與短、寬與窄、端莊與歪扭之別；按色彩分，有冷色與暖色、鮮豔與晦暗、光澤與無華之別；從披掛的筋麻分，有長與短、粗與細、平與凸、條條達頂與參差不齊、細嫩與粗老、細密與稀疏之別；從浮泛之沙暈，又有粗細、疏密、平滑與浮凸之別。要認真學習，細細揣摩，勤於觀察，反覆總結，方能得心應手。

初養蘭者，還可以看芽購蘭苗。按季節劃分，蘭芽有春芽、夏芽、秋芽、冬芽之說，尤以春芽、夏芽為好，種養得法，一般當年都能長成大草。蘭芽出土時的色澤對蘭花品種的鑒賞有一定參考作用，購置是如逢芽期需仔細觀察。

一般而言，凡新芽為白色、白綠色、綠色的，春蘭一般為素心品種，蕙蘭大多為素心或綠蕙；芽尖有白色米粒狀「白峰」的，有可能出細花。

七、不要買開花不香的蘭苗

蘭花素有「香祖」、「國香」、「王者香」和「天下第一香」的美稱。春蘭是地生國蘭中花香最佳的一類，可是也有些地區出產的春蘭往往開花不香。如產於河南省信陽地區和產於江西、湖北、湖南少數山區的，大部分無香或僅有微香。這些不具花香的春蘭，依其產地而被稱為「河南草」、「湖北草」等。

這些開花不香的蘭草，如果花的瓣型和色彩也不好，又沒有線藝，就沒有多少觀賞價值，儘量不要購買。

但現在市場上，這些開花不香的春蘭常混在具香的春蘭中銷售，有花開時，可以根據有無香味辨別，無花時，可以由仔細觀察葉片有關特徵來鑒別。

一般無香的蘭草葉質薄而軟，葉姿中垂或大垂；葉面少中折、多開展；葉脈猶似蕙蘭樣凸出，但沒有像蕙蘭的葉脈那樣富有透明感；葉邊緣齒粗而鈍，而有花香的春蘭葉緣齒細而銳。

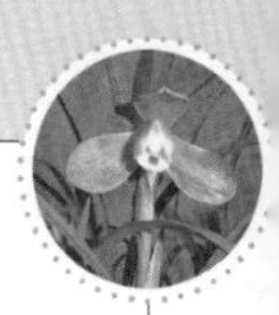

第三節　購買的苗源要清楚

目前市場上大量出售的蘭苗，根據其來源可以分為組培苗、返銷苗、下山蘭、家養蘭四類。

組培苗是在無菌條件下，利用蘭株體某種活組織離體培養、誘導、分化，使之再生成的新植株。它具有品種純正、無污染的特點。一般組培苗都是好品種，不過需要培育 4 年才能開花。

返銷苗是指原產於我國內地，外國人或海外地區引種繁殖後，又由多種管道運到內地上兜售的蘭苗。這些蘭苗多是品種不純，又有不同程度的病毒侵染的劣質品，蘭販瞞過海關檢疫或利用不正當管道向內地傾銷，因此返銷苗品質很不可靠。

下山蘭指的是剛從山野挖掘出來的野生蘭，俗稱「生草」。家養蘭是經過人工馴化以後的蘭花，俗稱「熟草」。這兩類是家庭養蘭者最主要的苗源。那麼，怎樣區別和挑選這兩類蘭花呢。

一、下山蘭與家養蘭的區別

由於生態條件的明顯差異，下山蘭經人工馴化成功後便成為家養蘭，在形態上會有所變化，主要表現在三個方面的不同。

1. 根的區別

自然生長蘭花山野的土表，有 10～20cm 厚的疏鬆腐殖土層，其下多為黏膩而堅硬的黃土層或石壁。故下山蘭的

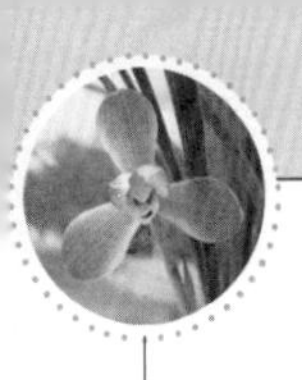

根多向四面伸展，而很少下伸至黃土層。因此，細心起苗後，一經提起，可以發現其根群便呈傘狀均勻排列；再者，由於沒有肥、藥的作用，根色多是白嫩的，但處於根群中心部的根端和根尖，因常接觸黃土層，故染有黃泥的色澤和黏附有黃泥塊。

家養蘭經過了長期的人工馴化，特別是盆栽的蘭花，由於蘭盆的局限，根呈弧形彎曲、交錯穿插，甚至常呈團狀盤曲。同時，由於各種肥、藥的作用，根色常現乳黃。如果是在畦地栽植的，根的生長空間沒受到局限，肥料充足、光照適中，根粗壯而長。

2. 葉的區別

由於下山蘭處於山林濃蔭下，常因日光不足而葉體瘦長；又因其與雜草、灌木叢混生，山風吹動時，難免會造成機械性的損傷；還會因養分不豐、光照不足等因素而呈現葉片粗糙，少光澤。

家養蘭在人工的合理調控下，光、溫、濕、水、肥適中，生長空間寬敞，久而久之，就變得葉短而寬厚，質細而嫩，株形、葉態工整，光澤度較高。如蕙蘭的家養蘭葉片就沒有下山蘭的長。

3. 花的區別

家養蘭由於經人工長期的馴化，不僅根、葉會有明顯的變化，其花朵也會因光照充足和水、肥、藥的作用，使花萼、花瓣變得短而寬，色彩由淡變濃，或由濃變淡等變化。

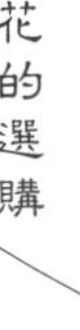

二、下山蘭的挑選要點

一般下山蘭來自山民之手，價格低廉，引種比較經濟。而且下山蘭是原生種，在自然條件下生長，株體內的可變因子充盈活躍，引種馴化的變異潛力大。

挑選到好的下山蘭，將來的升值空間也很大。挑選的要點是三看。

一看株形葉態，選壯苗和不顯眼苗

看株形和葉片形態，選長勢茁壯的蘭苗，已經是常規做法。但也要注意那些長勢較弱又有些特別形態的蘭苗。選長勢茁壯之苗，為的是成活率高，而那些既像什麼又不大像什麼，形態特徵最不顯眼的蘭苗，往往很有發展潛力，切勿漏選。

二看是否有好花期待品

下山蘭中好花期待品往往在根、假鱗莖、甲柄、葉片形態上與眾不同，均有可能開出好花來。

根的形態與眾不同的，如雞爪根、鹿角根、人參根、輪生根、樹杈根、龍捲根等異樣根；

假鱗莖形態與眾不同的，如冬筍莖、荸薺莖、節狀莖、橄欖莖等；

甲柄形態與眾不同的，如連峰甲、姐妹甲、斜長甲、扭曲甲、裏扣甲、鈍圓甲；

超薄葉柄緣、扭轉柄、不規則變形柄、匙狀柄、無葉柄環、多環套疊等；

葉緣、葉尖與眾不同的，如葉緣後捲，有多處似折疊過的折痕樣、陰陽葉、葫蘆葉、鑰匙葉、缺裂葉、雙主脈

葉、鑲龍嵌眼珠葉、間或特小葉、片片形不一葉、葉齒粗細相間葉，及葉尖長硬、鈍尖、倒翹尖、陰陽尖、勾尖等；

葉挺而不硬，厚而鬆軟，薄而硬挺，以及粗、細、軟、硬不規則的葉片等；

出現以上系列變化的均為可選之苗。此外像芽葉色不規則的，異色相間的，也常易開複色花。

三看是否有線藝蘭期待品

凡是線藝蘭期待品，多有如下 5 個方面的特徵可資鑒別：

（1）鼻龍開闊，中骨透明。鼻龍是指離葉尖 1cm 處（蘭界稱其為「懸針」或「懸針角」，俗稱「鼻龍」）；中骨是指葉的主脈，與葉主脈緊挨的葉肉。鼻龍愈開闊，中骨愈透明，出線藝的可能性就愈大。

（2）背銀浮現，銀絲成群。背銀是指葉背似布有一層很薄的、似豬油膜樣的銀灰色覆蓋物（蘭界稱此為「背銀」）。往往在背銀之上有隱匿的或曰若隱若現的極細小的銀白色絲狀線段（蘭界稱此為「銀絲」）。背銀和銀絲群愈多，出線藝的可能性就愈大。

（3）芽色黃白，鞘尖晶亮。新芽顯現黃白色，芽鞘尖呈現米粒大的晶亮體的，不僅出線藝的可能性大，而且有可能出高級的線藝晶。

（4）葉鞘藝徵，葉柄現斑。葉鞘（甲）色澤不一，綠上泛有黃白線或斑；葉柄也呈現形狀各異的異色斑點者。其下代必有奇跡出現。

（5）葉厚中等，質地鬆軟。葉薄續變性差；葉厚不易

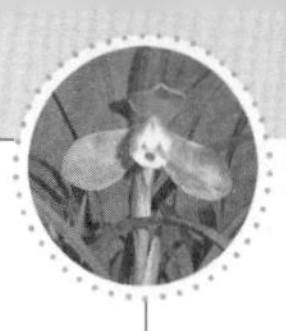

出藝；行龍葉，即使能出線藝，也難進化；惟有既不太薄，也不太厚的中厚葉為最佳。手捏葉的雙面，鬆軟而富有彈性的葉質為最上。

第四節　購買的途徑要可靠

一、到蘭博會、蘭花展銷會上購買

蘭博會、蘭花展銷會是有領導、有組織的蘭事活動，參展的蘭花一般要進行造冊登記，有名有價，有根有底，品種真實可靠。千萬不要輕信虛假廣告，在沒有看到花、不知根底的情況下郵寄購買。

蘭花書刊常披露許多不法經營者利用廣告手段坑害蘭花愛好者，謹告訴大家當心。因此，我們買蘭花也要隨時掌握品種行情，常閱讀蘭花報刊，廣交各地有代表性的蘭友，多到當地花鳥市場瞭解行情，便可知道平均價位。

二、找誠信度高、在蘭界普遍反映較好的養蘭戶、養蘭人購買

買蘭要找專業養蘭人，可以親臨重蘭德、守信譽的養蘭戶選購，或向著名蘭家求購。著名蘭家，一生為揚國香於天下而辛勤地勞作，並不以營利為目的，多不會有意識坑害蘭花愛好者。可以少量試購，或請其幫助代購。千萬不要聽信騙子的花言巧語。

如果遇到上門兜售的蘭販，向他們購買蘭花種苗，往往與向廣告戶買苗相類似。所不同的是，能見苗現購。你

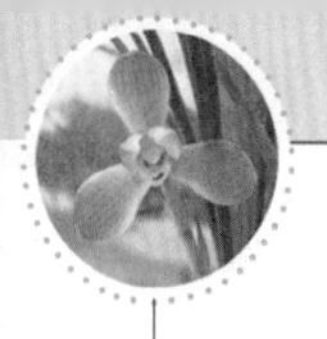

如具備識別能力，又瞭解行情，當然比向廣告戶買苗可靠得多。否則，同樣會受坑害。

三、委託信得過、具有蘭花知識和鑒別能力的朋友幫助購買

蘭花品種的真偽，品質的優劣，不易準確分辨，只有少數行家有一定的把握。因此，選購品種應盡可能聘請行家當參謀，既可減少誤買；又可直觀地學到識別本領。如不便請到行家，也可追隨行家的行蹤，在市場上看到行家想要的種苗，但因價格不適而離去時，你把它買下。

除此之外，最根本的，還是在實踐中多觀察、對比，以提高識別能力為第一。有了識別能力，便可得心應手，選購到貨真價實的種苗。

第四章
家養蘭花的設施與器具

家庭養蘭要讓蘭花年年開，相應的場地和設施不可少。居住在城市單元樓內的養蘭愛好者，可以將陽臺當作養蘭場所，自己建小型的蘭室。

經濟許可的，則可以建立溫室。但無論場地大小，溫室條件如何，要將蘭花養壯，年年出花，相關的設施和工具材料還是要預先準備好的。

第一節　養蘭的必要設施

蘭室、蘭棚、蘭場是養蘭的必要設施。養蘭人常常將「未引種良種，先建好蘭房」這句話掛在嘴上。因為只有具備一定設施的蘭室，才能滿足蘭花的生長需要，養蘭的成功率才會高。

如果一時還不具備建蘭房的條件，可以「先上馬，後備鞍」，因陋就簡，暫時用遮光網遮蔭，用塑膠薄膜擋雨，多費點人力管理，以後逐步完善養蘭的設施。

一、蘭　室

蘭室是栽培蘭花的專用場所，在蘭室中我們可以根據蘭花生長的需要，有效地控制溫度、濕度和通風。在夏季一般都將蘭花搬出蘭室，轉到蘭棚或場地中培養，以減少

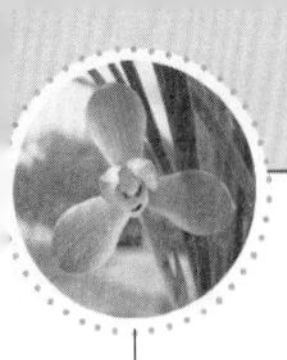

製冷成本；冬季的蘭室主要為溫室。

根據蘭花對生長環境要求的不同，溫室大致可以分為3類，即熱溫室、暖溫室和涼溫室：

溫室類型		熱溫室	暖溫室	涼溫室
夏季	白晝	22～29℃	21～28℃	16～20℃
	夜間	18～22℃	16～21℃	13～16℃
冬季	白晝	16～18℃	13～16℃	13～16℃
	夜間	不低於 14℃	10～11℃	2～6 ℃

一般蘭室應具備調光、遮陽、增溫、增濕、通風、灌溉等設施（圖 4–1）。

(一)家庭溫室的搭建

家庭栽培蘭花的溫室大多採取玻璃或 PC 板搭建。用玻璃做溫室材料的優點是光線穿透性較佳，耐用，維護容易，缺點是保溫性較差。PC 板或纖維板保溫效果較好，但透光性較差，容易因光照或酸雨淋洗而變質。

家庭溫室面積可根據情況自己確定，搭建時需在溫室的上方和下方各預留通風口，利用熱氣上升原理，上方作為排風口，下方為進風口。

如果家庭養蘭的空間有限，不能搭建專門的溫室，可以將陽臺、觀景窗、露臺、庭院、頂樓等場所加以改造，只要是光線充足、通風良好，通常只要稍加修改，能夠避免雨水直接潑灑，冬季可以遮風保暖，都可成為理想的蘭室。

如果家庭只有少量蘭花，可以用「設施」養蘭法。所

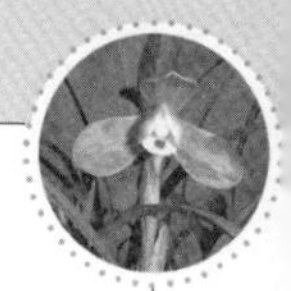

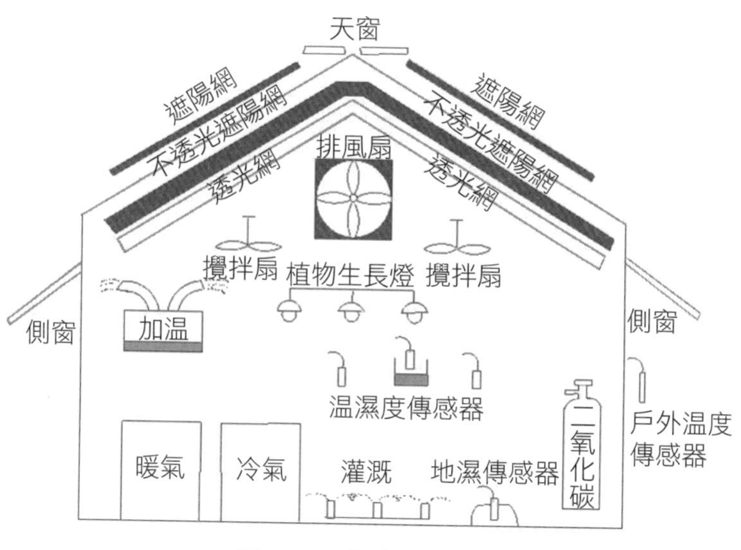

圖 4-1　蘭室的設施

謂「設施」其實是指北方家庭養蘭為了創造一個適於蘭花生長的小氣候而採用的一些設備和措施。最簡單的「設施」是用透光材料做一個相對封閉的空間，面積視條件而定，俗稱「小溫室」。

小溫室的構架可以用木、竹、角鋼製作，形似書架，以家庭環境的實際條件、蘭花的高矮來定層次和尺寸，四周圍以透明的塑膠布即可。這樣可以防寒保暖，保持空氣的潤濕度。

小溫室在北方的冬季、初春季節對蘭花的養護作用最佳。北方冬、初春期間天氣寒冷，且常有寒潮。小溫室背面要正對住房的南窗，揭開背面的塑膠布對準南窗口，製作一個簡易熱風道，以便把室內暖氣通入小溫室，用以保暖，也增加水蒸氣和濕度。但也不要過暖，根據一般蘭花

圖 4-2　養蘭小溫室

的習性，冬季只要能保持在 5℃就可過冬。特別要注意通風，以防小溫室內塞悶（圖 4-2）。

(二)蘭室應配備的設備

1. 遮陽網

國蘭通常在栽培上不需要全日照的強光照射，光照強度維持在 7000lux～30000 lx 之間就可以了。因此，遮陽網是光線良好的蘭室必須配備的設備。

一般可視栽培環境加以裝置，最簡便的方法是購買黑色或銀色的塑膠遮陽網，如果用自己編織的竹簾也可以。為求得較好的遮光效果，在溫室裝置上可採用固定式和活動式兩者交互裝置，有條件的可安裝電動控制裝置。

2. 側面遮光網

側面遮光網不是一般蘭室所必須的，只是在側光或西曬太強的情況下才有需要。陽光強時，其光質通常含有較高成分的「紅光」，溫度較高，容易使蘭花的葉片變黃及老化，若能用深藍色的塑膠浪板作為側面遮光網加以阻隔，對於光質的改善是很有好處的。側面遮光網一般採用固定式。

3. 中風扇

中風扇的作用是為了加強蘭室中空氣對流及葉面散熱，一般架設在高出葉面約 30～50cm 處，其風速要求並不高，通常只要維持在每秒 1.2m 以內，若風速過快易產生葉

面蒸騰作用過度旺盛，反而會造成不良後果。

裝置時必須注意每具風扇對流的方向，切勿造成蘭室內空氣「亂流」，使熱氣無法順利排除。

中風扇在使用時，最好在澆水過後完全開啟，使葉面水分能在三十分鐘內被吹乾，其餘時間視需求使用。若風速過快可加裝風速控制器。

4. 排風扇

排風扇一般為加強蘭室中空氣對流及換氣之用，其風速要求通常維持在每3～5分鐘使全蘭室換氣一次，如果風速過慢易產生熱氣累積，若太快則易產生蘭房內溫度快速流失，因此，在使用上必須加以衡量。

一般排風扇大多作為為排氣之用，但有部分蘭友於寒冬季節，在蘭室必須換氣時改變其旋轉方向，成為「進氣扇」，這樣可以使蘭室內能維持較佳的溫度。只是「進氣」的時間和速度要根據當時的天氣情況加以控制。

5. 加濕機（噴霧機）

加濕機主要的作用是增加蘭室的空氣濕度、降低溫度。一般配合「濕度控制器」或「定時開關」來使用，可使蘭室中相對濕度由加濕機運轉維持在60%～85%之間。加濕機可放置於蘭架之下（橫向或利用風扇將霧氣吹出），或蘭棚走道之間（霧氣向上噴出）。

加濕機的規格形式通常分為馬達離心式噴霧機、電子式超音波加濕機（以加濕為主）、水牆風扇吸引蒸散式加濕機（以降溫為主）三類。其中以馬達離心式噴霧機的加濕及降溫同時性效果最佳，裝置費最低，並且最耐用，還可以兼作噴灑藥劑之用，所以應用最廣泛。

6. 蓄水桶

蓄水桶主要用於蓄水、改善水質、調製藥劑及施肥。一般自來水往往含有對植物生長有害的消毒物質（氯氣），可將蓄水桶存放一個階段，再用於蘭花的灌溉。

蓄水桶可以用一般的塑膠桶，面積較大的蘭室要設專門的蓄水池，它除了用於蓄水外，還具有增加蘭室空氣濕度的作用。

7. 蘭　架

蘭架是置放蘭盆的必須設施，一般使用不銹鋼、鍍鋅管、角鋼、鋁管等耐用材料組裝而成，也可以因地制宜，用木料製作。蘭架的高度以個人取放蘭花方便為宜，為使蘭花能獲得較好的濕度，花盆能儘量貼近地面為好。

腳架下方最好留有能放置蓄水盤的空間（圖 4–3），養蘭時用於蓄水或置入藥劑，以防止螞蟻、蝸牛、蛞蝓等害蟲的危害。

為節省空間，增加蘭室的容量，可根據蘭室的高度製作能放置多層蘭花的立體蘭架。注意在安置時以不阻擋下層光線為原則，且必須將上層蘭盆所排出的廢水做好妥善

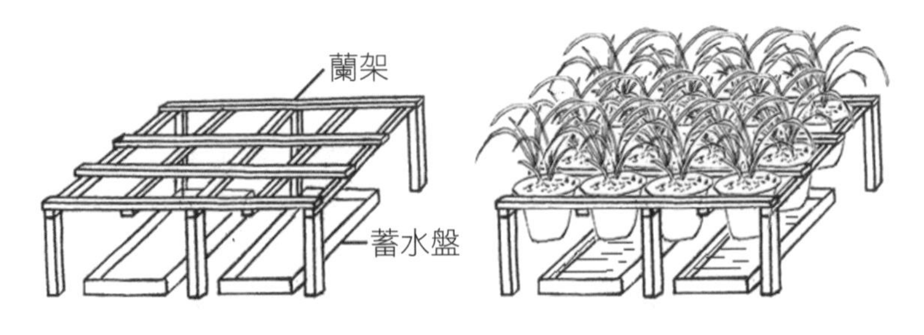

圖 4–3　蘭　架

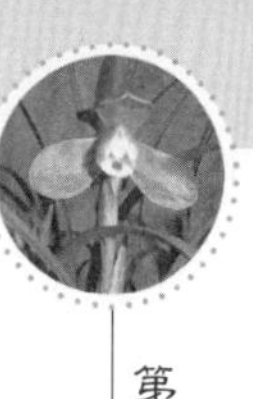

導流，以免讓廢水直接淋灑到放置於下層的蘭花。

在平時澆水需注意在每次澆水時需先澆上層，再澆下層，以免造成不必要的病菌感染。

製作時注意每個蘭架方框的寬度，應符合各種花盆的尺寸，通常內徑 10cm 可用於置放 13～17cm 的花盆，若習慣使用較大的花盆，可視需要加寬其內徑。還應當注意花架的腳架及框架強度，要能夠負荷所有花盆的重量。

8. 自動灑水設施

主要為節省時間和人力，可配合「定時開關」或手動進行。注意灑水的管線配置以安置在蘭架上方為原則，並注意做好電器產品的防漏電措施，可用矽膠或防水電氣膠帶封住所有電路接點，並加裝漏電斷路開關。

噴水時儘量要求出水均勻，以避免部分蘭花無足夠的水分。當自動模式澆過水後，若有閒暇最好再以手工模式於死角區域進行補充澆水。

9. 人工補光設施

國蘭所需要的光線並不是很強，若亮度在 7000 lx 以上，並能維持每天有 5 小時以上的光照，應算是足夠的了。如果遇到連陰天，或者蘭室所處的位置光線不足，最好有人工光源來輔助。

加裝人工光源必須注意光質、光照強度、光照時間。最好選擇含有植物需求較高的紅、橙、藍、紫光的光質。光照強度以加強至 3000～7000 lx 為宜，並注意勿因燈具照射造成環境溫度過高。

光照時間不宜過長，長時間的人工補光照射對蘭花並無好處，容易造成葉片抽長、葉色黃化、藝色模糊、結頭

圖 4-4　樹木遮陰法

不佳等現象。

二、蘭　棚

蘭棚是夏秋季節培養蘭花的場所。因為蘭花喜陰涼透風的環境，室外若無蘭棚庇蔭，必遭受烈日曝曬、暴雨沖襲。傳統蘭棚用毛竹搭建，竹架上放布幔和竹簾，晴天遮烈日，雨天防雨淋，晚上拉開遮簾讓蘭花沐浴露水。現代蘭棚多用鍍鋅管等金屬製成，用遮陽網和塑膠布防曬擋雨。蘭棚內一般都搭建蘭花台架，台架分階梯式和平臺式兩類，便於管理。

家庭養蘭在兩種情況下不需搭建蘭棚：一是室內養護，二是盆少量小。如果只有少量蘭花，可以將其放置在樹蔭之下，那將是天然的蘭棚（圖 4–4）。

三、場　地

蘭棚應選擇背西朝東方向的場所，東南方向要空曠，西北方向最好有高牆或大樹，既能見初陽、又能擋烈日。周圍小環境要求空氣清潔，有一定濕度保證。使得蘭棚能透風、受露、避烈日、免煙塵。

若在屋頂或樓層陽臺上建蘭棚，除上面遮蔭外，靠西北方向要張掛簾子，以防午後落日斜照灼傷蘭葉。蘭棚下面最好用泥地或鋪設吸水力強的紅磚，下設清水池，以保

持蘭棚周圍空氣濕度；蘭盆要放在蘭架上。

平時注意地面清潔，防止病蟲害滋生。當秋季室外氣溫下降時，要根據各種蘭花的生長習性，將蘭盆及時移入室內，以防凍傷蘭花。

第二節　養蘭的器具和材料

家庭養蘭的器具材料與大規模的養蘭相比，所用的東西一樣也不少得，正所謂「麻雀雖小，五臟俱全」。主要用具如下：

一、蘭　盆

在我國，傳統的栽蘭用盆一般可分為素燒瓦盆和釉盆兩大類。素燒瓦盆透氣性良好，價格便宜，但外觀較為粗糙而欠雅觀；而釉盆外觀色澤美麗，並有不同的圖案，但透氣及透水性均較差。如今，有大量的塑膠蘭盆生產，這些塑膠蘭盆外觀美麗，而且打不爛，盆邊緣鑽有許多孔洞，有利通氣及排水。

蘭盆的形狀各異，一般盆口為圓形，也有方形和多角形。蘭盆一般較深，以利於蘭根生長。各地有自身的傳統蘭盆，廣東傳統習慣用外表有綠色釉彩的葵蘭盆。規格分大、二、三、四、五葵蘭五個規格。栽種墨蘭多用大葵蘭及二葵蘭。

江浙一帶則多用宜興出產的蘭盆，這種蘭盆雖為素燒盆，但外觀光滑美麗，並多刻有或畫有蘭花的圖案，這種蘭盆多為方形或多角形的高身直筒式，規格由小到大均

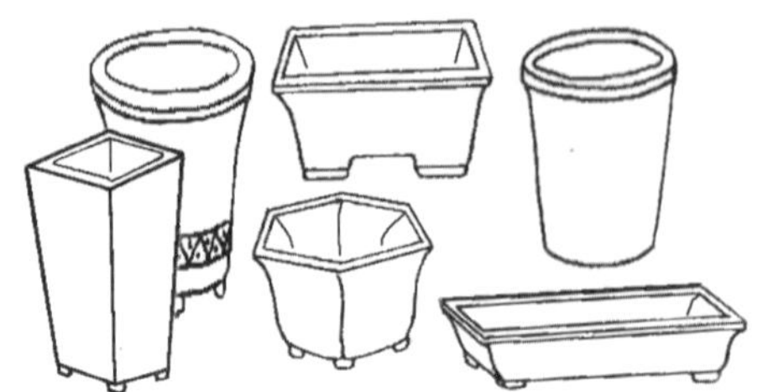

圖 4–5　各種蘭盆

有，並多配有水碟。雲南傳統用蘭盆為腰寬口細的花缸，這種蘭盆既有瓦盆，也有釉盆，盆口雖小，但盆腔較大，適應於蘭根的伸展。港臺一帶，當今栽蘭多仿效日本，用盆亦不例外，多數是一些高身細腰的高筒蘭盆。這種蘭盆一般為彩釉盆，盆表面多有精美的浮雕或圖案，並有盆腳三隻，外觀十分美麗，但價格較為昂貴，多用來作名品栽培用盆。

不管選用何種蘭盆，原則上要遵守按蘭花的大小合理挑選，小株用小盆，大株用大盆。蘭盆要通氣又要透水良好，外觀最好有一些美觀的圖案，盆底的透水孔要大，以利於排水及透氣（圖 4–5）。

新購回的蘭盆須用水泡浸數日才能用來種蘭，以免其火燥氣將蘭盆內的濕土水分吸走而影響蘭花的生長。此外，新栽的蘭花宜用新盆，而換盆的蘭花宜用舊盆。

家庭養蘭在培養蘭花的過程中，如果不用於上盆欣賞，可以用自己製作的容器來栽培蘭花。初養蘭者可以利用家庭廢棄的 500ml 食用沙拉油桶，自己改製成養蘭容器（圖 4–6）。還可以用塑膠字紙簍、柳編花筐等養蘭，透氣透水，效果都很不錯。

在這樣的大容量容器中培育的蘭花，由於空間大，土量足，蘭花的根系伸展得開，苗壯葉肥，花芽也肥大。待蘭花在這些容器中培養出花後，即可轉入漂亮的蘭盆之中

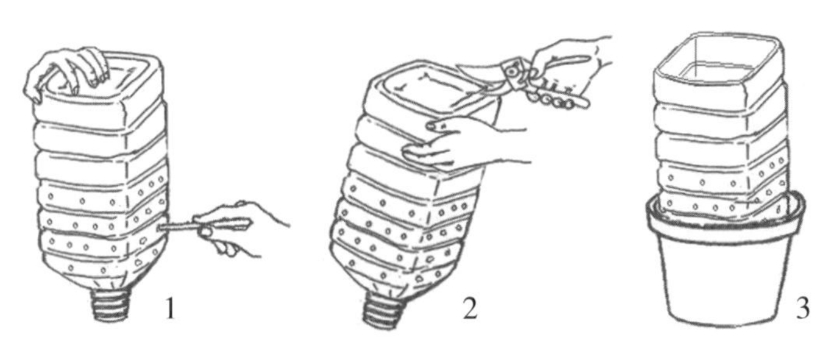

1.側面錐透氣孔　　2. 剪去瓶底　　3.放入花盆中

圖 4-6　自製蘭盆

入室欣賞。

二、其他用具

（1）水碟：用於室內擺放蘭花盆，接住澆水、施液肥時盆底排水孔流出的液體，保持室內清潔。水碟可以在市場購買花盆專用的塑膠託盤，也可以使用家庭常用的一般盛菜餚的碟盤。

（2）水壺：主要用於澆水和施肥。種類也較多。細長口的，用於澆水施肥容易控制落水點，不致燒傷葉芽與花蕾；蓮蓬頭的，較適合用於粗放的養植管理。

（3）塑膠桶：用於澆蘭用水的晾曬儲存以及進行酸化處理的用具。桶內盛水的溫度最好要與蘭盆內的溫度比較接近，以免在澆水時對蘭花產生溫差上的刺激效應。

（4）水盆：用於清洗、消毒蘭株用。

（5）噴霧器：對蘭草進行葉片噴霧、施葉面肥、噴灑殺菌殺蟲劑之用。目前市售品種很多，可視種植規模大小來配置不同型號。以噴霧勻、細為好；最好是選擇噴嘴可

調節的。

（6）篩子：一般要有大、中、小篩眼的三種，用來篩選培養土。因蘭根的生長與栽培用土的輸水透氣性有很大的關聯。在植蘭時培養土一般篩成大、中、小粒三種，在使用時按層次裝盆，大粒放盆底，中粒放盆中，小粒放盆面以增加透氣性。

（7）剪刀：給蘭花進行分株，以及修剪蘭花的腐、爛、殘敗根葉。在每次使用前後要進行消毒滅菌處理，以免傳染病蟲害。

（8）鑷子：用來清除蘭盆內的雜物和害蟲，以及種蘭時梳根、定位用。一般選用細尖與大尺寸圓尖的兩種為好。

（9）放大鏡：觀察、鑒別蘭花品種，蘭葉、蘭頭的變化，苞葉上的筋紋、色彩，以及對蘭株和培養土裏是否存在病蟲害檢查時用。

（10）撮鏟：用於撮取培養土。

（11）大塑膠瓶：用來漚製有機肥料。

（12）毛刷：用以洗刷蘭葉，清除葉片上的髒物以及蟲卵等。

（13）軟毛巾：用以擦拭蘭葉。保持葉面整潔，以利於光合作用。

（14）小錘：用以砸碎磚塊、瓦片，泥塊以及其他過大植材之用。

（15）溫、濕度計：用於對蘭花的生長環境進行適時的監控。

（16）pH 值試筆或試紙：用以測定養蘭的土壤和水分

pH 值，以便加以修正。

（17）量具：用以在蘭花的肥、藥使用上獲得正確計量。

（18）標籤：插在盆緣，標明品種、苗數、上盆時間等資料，防止時間長了產生品種辨別的錯誤。

三、培養土和培養料

培養土因蘭花種植的地方習慣而有所不同。如廣東一帶，多用曬乾的塘泥人工打成粒狀碎塊種蘭；江浙一帶多用山泥作為種蘭土壤；北京用草炭土拌一些沙來種；在武漢，習慣以放置一年以上的煤渣或火燒土來種蘭。現在，又運用諸如陶粒、碎磚、火山石、木炭等非土質栽培基質。這些基質具有通氣及排水良好、不會板結，易於蘭根生長的優點。

不同的材料有不同的利弊，下面我們來把它們的性質及特點簡單介紹一下。

（1）蘭花泥：由樹葉腐爛後累積在山岩凹處的泥土，具有鬆軟、泄水、肥沃的特性。PH 值在 5.5～6.5。

（2）火烤土：由生雜草的表面土經燒烤後留下的顆粒土。

（3）樹皮：包括松樹、櫟樹、龍眼樹等多種樹木的樹皮。樹皮的吸水力及排水力均佳，且富含有機養分，對蘭花的生長極為有利。但易於腐爛及滋生病菌，所以在栽培蘭花前要進行蒸煮等殺菌處理。

（4）石礫：包括火山石、海浮石、小卵石、赤石、陶粒等。石礫種蘭具有透氣良好，多空隙而使蘭根易於伸展

的優點。但缺乏養分和水肥施後易於流失，一般按一定比例與其他植料配合使用。

（5）**木炭粒**：有吸附及殺菌作用，排水及透氣良好。因其偏鹼性並缺乏養分，因此，一般與其他種植料混合使用。

（6）**蛭石**：為一種叫黑雲母礦物，吸水及透氣性良好，但容易積聚無基鹽和滋生病菌而不利蘭花生長。多與其他種植料混合使用。

（7）**腐葉土**：最好是用蘭花原生地攜回的腐葉土，亦可用枯樹葉人工漚製草碳土。腐葉土養分充足透氣良好，最適蘭花生長。但保水性強，容易滋生病蟲害。

（8）**塘泥**：用作植料時多碎成粒狀使用。塘泥的酸鹼度適中，養分較足，對蘭花前期生長十分有利。但經一段時間的日曬雨淋後會鬆散並板結，不利於根系的呼吸，故人們不再將塘泥用作種蘭的單獨植料，更多人用其伴以他種基質使用。

理想的栽蘭植料，應具有良好的排、透氣能力，內含充足的養分，不易腐爛或板結等特性。養蘭者可以根據這些基本要求，就地取材，自己動手配製。

四、肥　料

在養蘭過程中，經常給蘭花施用的肥料種類大致可歸納為化學肥料、有機肥料和氣體肥料三大類。

(一)化學肥料

化學肥料簡稱化肥，是指含有植物生長必須的營養素的無機化合物或混合物的人工合成肥料。按照植物對必須

營養元素的種類可分為大量元素肥和微量元素肥兩大類，按照肥料所含的元素種類可分為單元肥和複混肥，按照肥效的長短有可分速效肥和控制釋放（緩釋）肥料等。

1. 大量元素肥

是含有單一或多種的氮、磷、鉀等的蘭花必須的大量元素所構成，特點是肥效快、易溶於水、物理性良好、施用方便、效果優良。

2. 微量元素肥

是指肥料裏含有單一或多種鐵、錳、銅、鋅、鉬、硼、氯等的微量元素所構成，能保持蘭花植料裏的微量元素以滿足蘭花生長的需要。

3. 單元肥

是指肥料裏含有單一蘭花所需的肥料，肥效快。缺點是肥效單一，容易產生肥害。屬於單元肥的氮肥有：尿素、硫酸銨、硝酸銨、氯化銨、碳酸氫銨等；磷肥有：過磷酸鈣等。

4. 複混肥

是指含有蘭花主要的營養元素氮、磷、鉀中的兩種或者兩種以上的化肥，複混肥按照製造方法可分為化成複合肥、混合複合肥和摻合複合肥。按照肥料的形態可分為液態肥和固態肥。按照成分可分二元複混肥、三元複混肥和多元複混肥。

在生產工藝流程中發生顯著的化學反應而製成的複合肥料為化成複合肥。一般屬於二元型複肥，無副成分，如磷酸銨、磷酸二氫鉀、聚磷酸銨、硝酸鉀、硫酸鉀等。特點是即溶速效，宜作追肥和根外追肥。

由幾種單元肥或者與複合肥經過簡單的機械混合而成的為混和複合肥，有時經過二次加工造粒而製成的複合肥料，大多屬於氮、磷、鉀三元型複合肥。常含有副成分。

液態形式的複混肥料即為液態肥，液體複混肥具有有效性較高，易被蘭花吸收利用，出產成本低，施肥方便且均勻等特點，深受蘭友的喜歡，適合做追肥和根外追肥，大部分還可以和農藥混合一起噴施，肥效、藥效高，一舉兩得。

5. 控制釋放（緩釋）肥料

上個世紀 60 年代，美國首先生產了一種長效化學肥料，稱為控制釋放肥料，又名緩釋肥料，肥效 4～12 個月不等。日本生產包膜肥料統稱 CSR。

控制釋放（緩釋）肥料既克服了普通化肥融解過快、持續時間短、易淋失等缺點，又可使養分釋放得到有效地控制，節省化肥用量的 40%～60%。目前中國市場上供應的控制釋放（緩釋）肥料主要有：

（1）美國產的「魔肥」：它為自動控制養分供給之緩釋顆粒肥。它接觸土壤後 18 小時，就開始釋放養分。當土壤中養分飽和時，即停止釋放；當土壤需肥時，又再釋放養分。如此不斷反覆。一次施用，肥效長達 2 年。含氮 17%、磷 40%、鉀 6%、鎂 12%（線藝蘭不適用）。

小盆每次施 4～8 粒，中盆次施 8～10 粒，大盆次施 10～20 粒。

（2）美國產「施可得」：含氮 20%、磷 4%、鉀 10%。它不含鎂元素，可施用於線藝蘭，但含氮量較高，線藝蘭的用量以非線藝蘭用量的一半為宜（用量如「魔

肥」）。

（3）臺灣產「益多有機質顆粒肥」：它為生物菌粒狀肥料，可用於線藝蘭。有效期60天。

6. 稀土肥

稀土肥是指稀土元素——一大類化學性質及其相似的金屬元素通稱。稀土元素雖未證實是植物的必須的營養元素，但是已經證實是有益元素，是生理活性物質。具有促進光合作用、根系生長、提高生理活性、酶活性的作用。主要是用於根外追肥。

化肥成分明確、肥效快、乾淨、無臭味，不需經過發酵就可直接施用。但長期單用會使土壤的物理性狀變差。為此，土培時，可考慮與有機肥混合施用，或交替施用。化肥的施用濃度一般在0.1%～0.3%。低濃度為0.1%；中濃度為0.2%；高濃度為0.3%（每1g化肥對水1000g為0.1%）。

(二)有機肥

1. 常用的有機肥

（1）人畜肥：常用的有人糞尿，豬、馬、牛、羊、狗、雞的糞肥，還有蠶糞（蠶沙）等，這些肥料氮、磷、鉀養分齊全，發酵後，既可作乾肥，也可製成肥水稀釋後使用。

經儲存發酵後7～10天的人尿、兔尿，這種肥料主要成分為氮，使用時要稀釋50倍。牛、馬、羊糞等可曬成半乾、研細，按體積比的2%～4%，拌入基質裏作為為基肥。

（2）漚製肥：傳統使用的漚製肥料種類很多，如將黃

豆餅、菜籽餅、魚腥水、雞毛、魚肚腸等用水缸泡液發酵，漚製3～6個月後稀釋使用，漚製肥料中氮、磷、鉀肥分亦較齊全。常選用油菜籽渣餅、花生渣餅、大豆渣餅、茶油籽渣餅等7份（一兩種或各種）研碎成粉加入骨粉3份，裝入容器；再加入相當於其2倍體積的人尿或兔尿。用塑膠薄膜覆蓋並紮緊，讓其日曬，夏秋1個月以上，冬春3～6個月，便可施用。使用時稀釋150～200倍澆施。

生活中洗鮮魚、蝦、雞、鴨等動物體的血腥水，還有淘米水、洗奶瓶的水，含有各種蛋白質，腐熟以後也都是很好的有機肥料。不過它們也要用容器漚製7～10天發酵後方能使用。如果直接施用，在蘭盆裏直接發酵，會引起微生物活動過盛，甚至引起病菌滋生。

有機肥中的菌病害處理方法是：對用作基肥的可按計劃將50%多菌靈和40%五氯硝基苯按基肥重量1%混合拌勻後，用塑膠薄膜封嚴，24小時後使用。對用於蘭花追肥的漚製液肥可在使用時按漚製肥原液重量的5%混入50%多菌靈或50%退菌特，攪拌均勻後，停放半小時。稀釋150～200倍後施用。

經腐熟的有機肥肥效高，能改善土壤結構，調整土壤酸鹼度，沒有肥害。能增強作物的抗逆性。其缺點是夾帶有病蟲害和有濃臭味。消除有機液肥濃臭味的辦法是：在漚制時，按肥料總量的5%混入橘子皮漚制。也可以把橘子皮加入2倍水，另行漚製。在施肥後，再澆施橘子皮原液的20倍液。便可避免濃臭味。

（3）草汁：用春天或夏初生長的嫩草漚成水汁，主要肥分為氮肥。

在生活中人們養花常將茶葉渣覆蓋於蘭盆面當肥料，茶葉水、茶葉渣富含生物鹼。少量施用對於長期施用化肥的盆蘭，可有調整基質酸鹼度的作用。用多了會使基質偏鹼，導致生長不良。

另一方面，茶葉渣覆蓋於盆面，既影響了蘭根的透氣，又會在腐爛的過程中招致病蟲害。因此，茶葉渣不宜覆蓋於蘭盆面上。

2. 商品有機液肥

（1）日本產「多木」：它營養全面，能促根促芽中和土質，減少病害，促進創口癒合。其用法是 1500 倍液澆噴。

（2）澳洲產「喜碩」：它為天然藻類肥和土壤改良劑。含有多種礦質元素、天然糖類、氨基酸、酵素及天然植物激素、活菌素。能抗寒、抗旱、抗濕，抑制病蟲害、病毒病害的感染。其用法是 6000 倍液澆灌。

（3）臺灣產「益多」國蘭專用液肥：它含有高量磷、鉀、鈣、鎂、氨基酸、維生素、生長素、微量元素、生物菌等。其用法是 1000 倍液噴澆（不適合於線藝蘭和線藝期待品）。

（4）美國產「施達」有機液肥：它含有多肉植物汁、氮、磷、鉀、微量元素、維生素等。能促根催芽，打破休眠，提高光合作用強度，增強適應性。其用法是 500 倍液噴施。

3. 商品生物菌肥

所謂「菌肥」是指應用於蘭花生長中，能夠獲得特定肥料效應的含有特定微生物活體的製品，這種效應不僅包

括了土壤、環境以及蘭花營養元素的供應，還包括了其所產生的代謝產物對蘭花的有益作用。菌肥也叫「微生物肥料」、「生物肥」、「小肥」等。由有益菌刺激有機質釋放營養。大量的有機質由有益微生物活動後，可不斷釋放出植物生長所需的營養元素，達到肥效持久的目的，有利於保水、保肥、通氣和促進根系發育，為蘭花提供適合的微生態生長環境。目前商品菌肥有：

（1）四川產華奕牌「蘭菌王」：含有全價營養元素、蘭菌群、天然內源激素，具有促根、催芽、壯苗的作用。用法 500 倍液澆噴。

（2）廣東產「保得」微生物葉面增效劑： 含有放線菌 WY9702 及其複合代謝產物，包括多種植物生長物質、抑菌活性物質及植物營養物質。有打破休眠促進發芽；加速植物細胞分裂，促進生長發育，使葉片、鱗莖增大；延緩衰老，防止落花；抑制病原菌入侵、繁殖等功效。可用於線藝蘭。用法為 1000 倍液澆噴。

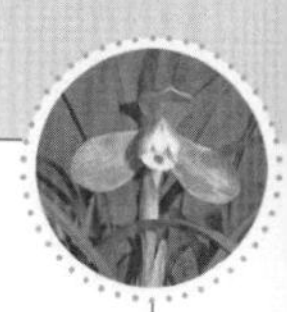

第五章
蘭花年年開的環境條件

蘭花原本生長在山林深谷，在山野之間，它生長健壯，年年開花。但為何一旦走出大山，進入城市千家萬戶養植，往往會出現苗弱花少，蘭病不斷的現象呢？顯而易見，這是因為人們改變了蘭花原來的生長環境和生態條件所致。因此，要讓蘭花年年吐芳，首先要瞭解蘭花的生態習性和它對環境條件的要求，給它營造一個適宜生長的小環境，讓其在近似自然的狀態下健康生長。

第一節　蘭花的習性

元代孔靜齋用十六字總結過蘭花的習性：「喜晴畏日，喜陰畏濕，喜幽畏僻，喜叢畏密。」頗為精闢。

明代鹿亭翁《蘭易十二翼》又概括為十喜十畏：「喜日而畏暑，喜風而畏寒，喜雨而畏潦，喜潤而畏濕，喜乾而畏燥，喜土而畏厚，喜肥而畏濁，喜樹蔭而畏塵，喜暖氣而畏煙，喜人而畏幽，喜簇聚而畏離母，喜培植而畏驕縱。」

用現代的話來說，蘭花喜溫暖，畏霜凍；喜大氣濕潤，畏潮濕漬水；喜天氣晴朗，畏燥風日曬；喜和風透日，畏閉塞悶熱。對土質的要求是：喜疏鬆透氣、排水良好的腐殖土，畏強酸土、鹼性土、黏性土。

第二節　蘭花對環境條件的要求

在山野間，蘭花是「靠天吃飯」，自然生長。從來沒有人為它澆水、施肥，但是它仍然生長得十分茂盛，很少有病蟲害，這說明環境的好壞對於蘭花的生長影響是很大的。在蘭花的栽培過程中，只有將溫度、光照、空氣濕度、水分、通氣、土壤、肥料等各項環境因素綜合協調好，才能使蘭花生長健壯，開花正常。

一、對溫度的要求

蘭花年年開花的基礎是在蘭花的正常生長發育的基礎上年年有花芽的形成。蘭花的生長和開花與溫度息息相關。尤其是蘭花花芽的形成，與溫度條件關係最為密切。溫度適宜，它就生長繁茂；溫度過高，它就生長停滯，甚至因悶熱傷害而夭折；溫度低了，它就進入休眠狀態，過低了，它就會因為受到凍害而枯死。

蘭花最佳生長溫度是白天 18～30℃，夜間 16～22℃。氣溫在 5℃以下，35℃以上時，蘭花生長緩慢。

蘭花生根、發芽和正常生長的最佳生長溫度為 20～28℃；20℃以下，雖可生長，但生長緩慢；28℃以上，雖生長迅速，但也容易因氣溫過高而被迫進入休眠狀態。因此，每當氣溫高於 32℃時，則應採取加大遮陽密度、增加通風量和提高空氣濕度的措施，以保證蘭花有正常生長的生態條件。

蘭花休眠期適溫為晝溫 10～16℃，夜溫 5～10℃。蘭

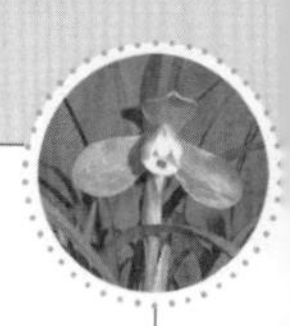

花可耐受的最低溫度，春蘭為 –4℃，建蘭為 –2℃，墨蘭為 2℃。但春蘭休眠期的適溫應控制在 10℃以下、3℃以上，才能度過春化階段，保證正常開花。

所謂「春化」，是指蘭蕙在生殖生長期間必須要經歷的低溫階段，它對於促進花蕾的生長具有不可替代的作用。春化期是大自然中的蘭花空氣濕度和土壤濕度最低的時期。因此，春化階段的空氣濕度和盆土濕度都不宜過高，否則容易爛蕾和爛根，非常不利於蘭蕙來年的生長。實踐反覆證明，低溫春化是蘭蕙生殖生長不可逾越的階段，我們不能違背自然規律而人為改變它，否則，勢必事與願違，直接影響蘭花的品質。所以在北方地區，如果蘭花入室太早，沒有經過低溫階段，往往不容易年年開花。

瞭解蘭花對溫度條件的要求，便能根據各種蘭花的特點，利用各種措施，科學地調控其在各生長發育階段所需要的溫度，使我們栽種的蘭花健壯地生長在適宜的溫度環境中。

二、對光照的要求

野生蘭花是喜蔭植物，多生長在茂林修竹下，叢林遮擋了強烈的陽光照射，使蘭花喜陰畏陽。但陽光又是蘭花進行光合作用製造養分的能量來源，是蘭花生長和開花所不可缺少的。經驗告訴我們：蘭花受光充足，養分積累多，容易形成花芽。而在陽光較弱的情況下，蘭花葉片生長特別茂盛，開花較少。

一般來說，冬季有充足的光線，有利於蘭花的生長發育。而在夏季因陽光過強，溫度過高，則必須遮蔭。蘭花

喜歡早上陽光。蘭花經夜間營養積累後，早晨光合作用能力最強。朝陽初升，陽光照射角度低，蘭花受光面積大。又因為早上陽光經晨霧阻擋，光線相對柔和，直射不會灼傷蘭葉。

因此，夏天 7 時前可讓陽光直射蘭葉，7 時後用 50%～90%的遮光網遮擋陽光。「清明」前後可讓蘭花多曬太陽，促使發根，多發葉芽，「白露」以後，天氣轉涼，新草大多長成，亦可多照陽光，促使花蕾飽滿，使蘭株積蓄更多養分，以利來年生長。陽光照射時間長短，直接影響到蘭花生長。

國蘭的花芽多數在長日照的 7～9 月份形成，並開花結果。陽光照射多，蘭葉較黃，蘭根發達，健花。反之，則蘭葉深綠，根系不發達，不易起花。陽光照射時間長的花瓣質厚，反之，則花瓣質薄。但若過分照射陽光，則會可能灼傷蘭葉，甚至造成失水、死亡。

蘭花種類不同，生長季節不同，對光線的要求也不一樣。建蘭較喜光，只需遮去 60%～70%的光線；春蘭與蕙蘭略進一步，需要遮去 70%～80%的光線；墨蘭則更喜蔭，需遮去 85%左右的光線。光照過強或過弱對蘭花的生長均不利。 因此，在栽培蘭花的日常管理中需要根據蘭花的生長發育對光照的要求，調節光照強度與光照時間。不能因為蘭花「喜陰而畏陽」就過分強調遮陰，使蘭花處在對光線的「饑餓」狀態，這樣是不容易年年開花的。

三、對空氣濕度的要求

在自然界，國蘭大多分佈於潮濕環境中，因此，蘭花

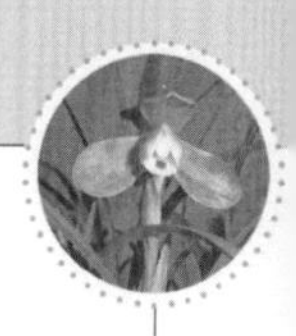

在生長期的空氣相對濕度不能低於 70%，冬季或旱季可降低至 40%～50%。過乾或過濕都易引發病害。

蘭花對空氣濕度的要求因種類、生長時期、季節以及天氣而異。國蘭原來生長在山林中，林間空氣清新，山間常有雲霧繚繞，空氣濕潤。在 2～3 月份的早春，空氣濕度比較低，有 70%～80%；春末至秋末雨水比較多，山林中經常雲霧彌漫，空氣濕度特別高，經常在 80%～90% 以上，故栽培國蘭要求有較高的空氣濕度。而且生長期比休眠期要求高，白晝比夜間要求高。因此，養蘭要創造一個適於蘭花生長的局部濕度小氣候，室內應安裝噴霧器和濕度計，以隨時調控蘭花生長的空氣濕度。

四、對水分的要求

國蘭原本生長在峽谷、山脊兩側，以及山坡、岩岸、岩石縫隙、竹林樹叢間的腐殖質薄土層中。這些地方排水良好，土壤中腐殖質含量高，並含有大量的砂石顆粒，土層約 10～20cm 厚，由於地形坡度大，不會積水，使蘭花形成了「喜雨而畏澇，喜潤而畏濕」的習性。

蘭花一生需水量較小，蘭花的假鱗莖和肉質根能貯藏一定的養分和水分，故較能耐旱。除發根、發芽期和快速生長期需要較多的水分外，其他時間消耗水分較少。若水分過多，造成土壤積水，阻塞根部呼吸，就易爛根。水多還會造成蘭葉組織纖弱，生長不良，產生病害。

再說一年四季的空氣濕度是不同的，蘭花生長發育不同階段對水分要求也是不同的。「濕生芽，旱生花」。適當的「扣水」，給蘭花造成旱而不燥的盆土環境，是有利

於花芽形成的。控制水分是養好蘭花的最根本條件，因此有「會不會種蘭主要看會不會澆水」之說。

五、對通風的要求

在自然界中，蘭花大多生活在空氣流通的環境中。國蘭大多生於基質疏鬆通氣的地方。通風會給蘭花送來新鮮空氣，增加蘭花周圍的 CO_2 濃度，調節溫度以及抑制病害的滋生和蔓延。

養蘭場所要遠離煤氣、油煙，遠離塵土飛揚之地。油煙、塵土附著在葉面，會阻塞葉面呼吸，影響進行光合作用。空氣不流通會在葉面附著病菌，危害蘭花生長。

一些為了衛生將陽臺封閉的家庭，蘭花長期放養在封閉的陽臺內，雖然溫度、光照等條件都不錯，但蘭花仍然生長不良，不見花放，其主要原因就是通風條件不好。所以，栽培蘭花時要特別注意通風。

六、對栽培植料的要求

在自然界，大多數蘭花生長在濕潤、通風、不積水的環境中，因此對栽培基質的要求是：通氣、鬆軟、吸水透水性好，呈微酸性。

過去養蘭最常用的是蘭花泥。蘭花泥是一種富含腐殖質的泥土，由植物葉子腐爛而成，土質鬆軟、通氣、呈微酸性。家庭養蘭可以利用製作腐葉土的方法獲得這種泥土。

近年來，家庭養蘭的基質取材非常廣泛，樹皮、水苔、木炭、泥炭土、煤渣、珍珠岩、浮石、磚塊顆粒、陶

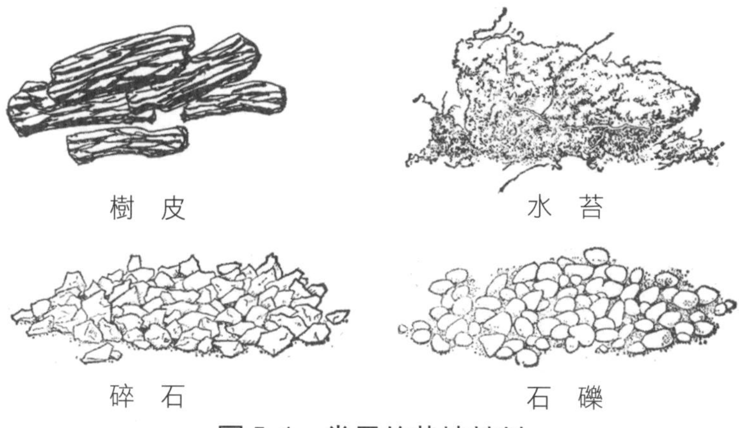

圖 5-1 常用的栽培植料

粒等都成為理想基質。可以說凡是三相（即固相、液相、氣相）比例符合蘭花生長的中性材料均可作為栽培基質。一般固相為 40%，液相為 30%、氣相 30%較為合理，養蘭者可就地取材。只要材料通氣性好，有一定的保濕性，無化學反應又清潔，就可用作蘭花的栽培植料（圖 5-1）。

七、對肥料的要求

要使蘭花生長好，開花多而豔麗，在蘭花栽培的過程中，施肥是十分重要的。蘭花所需的主要肥料成分有氮、磷、鉀、鈣、鎂、硫、鐵、錳、銅、硼、鋅等元素。

氮素，主要促進莖葉生長。欠氮肥時葉色淡黃，植株生長緩慢。氮肥成分以豆餅、油料作物和尿素中含量較多。

磷素，能促進根系發達，植株充實，促進花芽和葉芽的形成和發育。磷肥成分以骨粉、魚粉和過磷酸鈣中含量

較多。

鉀素，能溶解並傳輸養分，使植株堅挺、莖葉組織充實，增強植株抵抗病蟲害的能力。缺鉀的植株會變矮小，葉片軟伏呈灼焦樣，甚至生長受阻。鉀元素主要含於草木灰和鉀素無機肥中。

氮、磷、鉀這三種養料被稱為「肥料三要素」。養蘭過程中要注意這三要素的均衡施用。如果氮素施用過多，會造成蘭葉徒長，花芽難以形成，蘭花就不會年年開放。至於蘭花在生長過程中還需要的其他元素，在一般情況下植料中不缺少它們，特地添加的較少。如缺少的話可用更換植料的方法解決，也可追施全價合成有機肥。

在家庭日常生活中的廚房垃圾如魚鱗、魚內臟等，富含有機磷和氮，是很好的有機肥料。但這些物質如果直接放在蘭盆中，不僅在腐熟過程會散發熱量燙傷蘭根，而且會散發濃臭味，招引菌蟲害。應密封漚製後稀釋施用（圖5–2）。

圖 5–2　漚製肥料

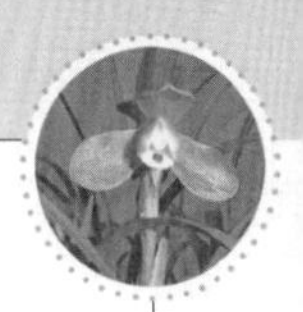

第六章
蘭花年年開的繁殖方法

要讓蘭花年年開，必須不斷繁殖、擴大蘭花的種群。蘭花在自然條件下延續後代，一是由自身的根狀莖萌發出新芽來擴大株叢，這屬於無性繁殖；二是由繁殖器官——果實和種子來繁衍，這屬於有性繁殖。家庭繁殖蘭花也同樣是無性繁殖和有性繁殖這兩種方法。

蘭花無性繁殖是利用蘭花植株的營養器官的再生能力，誘使其產生新芽和不定根，然後由這些新芽形成蘭花的地上部分，不定根形成新的根系，從而長成新的植株。由分株等無性繁殖方法培育出的蘭花小苗，它只是繼續著蘭花植株母體的個體發育階段，因此，不容易因環境條件的變化而發生變異，更不會出現返祖現象。

所以繁殖成活後，只要能長出足夠的葉面積並積累了足夠的營養，就能開出與母體一樣的花朵，並可以保持蘭花原品種固有特性。無性繁殖一般常用的方法有分株法和假鱗莖培養法，一般家庭小規模的繁殖蘭花多採用這兩種方法；大規模的生產蘭花多採用組織培養法，這是一種特殊的無性繁殖方法，可以使蘭花育苗工廠化。

蘭花有性繁殖又稱為播種繁殖，用種子播種繁殖出來的蘭花苗叫做實生苗，它生命力強，每棵單株的壽命也長，但是各方面的性狀都極不穩定，往往隨著環境條件的變化而發生變異。當然也可以利用這個特點進行雜交育

種，培育出新型蘭花品種。蘭花有性繁殖採用的方法分為有菌播種和無菌播種法兩種。

第一節　分株繁殖法

蘭花繁殖的主要形式是分株，尤其是在種植量不大，或家庭繁殖蘭花時，基本上都採用分株繁殖。分株繁殖又稱為分盆，這種繁殖方法操作比較簡單，容易掌握，成活率高，增株快，不損傷蘭苗，分株方法得當也不影響開花，而且能確保蘭花品種的固有特性，不會引起變異。所以這種傳統的繁殖方法自古以來一直沿用至今。

蘭花分株不僅是繁殖的需要，也是為了讓蘭株更好的生長。因為盆栽的蘭花由於新苗的不斷增多，老的假鱗莖也並不立即死亡，到了一定的時間便會出現擁擠現象，不及時分株會影響蘭花的正常生長和發展。在正常情況下，種植 3 年即可進行換盆分株繁殖。

一、分株季節

蘭花分株繁殖的時間應在休眠期前後。古蘭家們認為：春分墨建，秋分春蕙。在一般正常情況下，只要不是在蘭花的旺盛生長季節，均可以進行分株，但比較適宜的時節還是在蘭花的休眠期。如果在蘭花春季新芽萌發後分株，操作就很不方便，稍不留心即會碰斷、碰傷新芽。

所以秋分時節，即休眠期的早期分株，能使蘭花較好地生長。秋分的前十天后十天是春蘭、蕙蘭最佳分盆時間，而墨蘭、建蘭、寒蘭在春分前後分株比較適宜。

二、分株前的準備

為了分株時操作方便，要在分株前控制澆水，讓盆土適當乾燥，使根發白，產生不明顯的收縮，這樣本來脆而易斷的肉質根變得綿軟，分株和盆栽時可以減輕傷根。

另外，還要準備好分株後栽植的花盆，盆栽植料，還有花鏟、枝剪、噴壺等各種工具。

三、分株蘭苗選擇

繁殖用的蘭花應當生長良好，無病蟲害。建蘭 2～3 年分一次盆；蕙蘭有 8～9 個假鱗莖時才能分株；春蘭可以稍少一些。從簇蘭的株數上來看，一般長到每簇 4 株連體的簇蘭，均可以分株。但是有時為了加快良種的繁育速度，或者是為了防止芽變奇種的退化，3 株連體，甚至是 2 株連體的簇蘭，也可以換盆分株。分株不宜太勤，因為分株對根有傷害，根傷得太多，分株後管理不好，恢復比較慢，新芽長不大，形不成花芽。

四、脫盆方法

在分盆前 5～7 天應施一次「離母肥」，以利於分盆後的蘭花元氣充足，加快恢復生長。分盆時的盆內植料要稍乾一些，以防傷至新根和蘭芽、花苞。在操作過程中切忌生拉硬拽，需用手掌輕敲盆壁兩側，以便植料脫盆。

分盆時首先用左手五指靠近盆面伸進蘭苗中，用力托住盆土，右手將盆倒置過來，並輕輕叩擊盆的四周，使盆土與盆脫離；再用右手抓住盆底孔，輕輕將盆提起，蘭苗

1.叩擊盆壁　　2.脫根團

圖 6-1 脫　盆

土坨便會從花盆中脫出（圖 6-1）。然後將蘭苗及盆土平放，不使土堆突然散裂，以免導致蘭花根系折斷。

在土坨稍乾的情況下，細心將土坨輕輕拍打鬆散，小心抓住沒有嫩芽的假鱗莖，不要傷及葉和嫩芽，再逐步將舊盆土抖掉。剪除已枯黃的葉片、假鱗莖上的腐敗苞葉及以腐爛乾枯的老根。但有新芽的假鱗莖上的葉片應儘量保留，否則，新芽生長慢而小。葉片已完全脫落的假鱗莖也應剪掉，需要時還可以作為繁殖材料使用。如果分盆前盆土未經乾燥，過於潮濕，應將苗根用清水洗一下並晾乾，待根發白變綿軟時再進行清理和修剪。

五、清理消毒和分株

蘭花下盆以後，慢慢抖掉蘭根周圍的植料，用消過毒的蘭剪清理殘根敗葉，把盤繞的根系拆散理順，放入水中清洗，然後移放在通風陰涼處，讓根部變軟後，再進行分株。

分株一定要有目的，如果是觀賞型的，每一個單位應在 5 苗左右，最好是從蘭苗基部已形成「馬路口」之處分離；如果是經濟產出型的，則要以多發苗的原則來分株。「蘭喜聚簇而畏離母」。聚簇的蘭花有較強的抗逆性、適應性，能協調好生殖生長和營養生長的對立與統一。「強

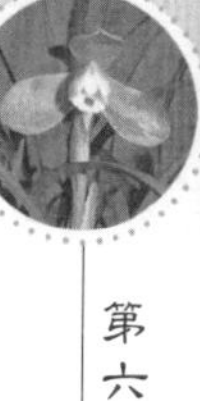

壯者二代連，弱株需三代連」。實踐證明，二三代連體叢植，不僅易開花，而且所萌發的新芽也會一代比一代更強壯。而拆散單植，不僅極少能當年開花；而且單植後所萌發的新株多瘦弱，株葉數減少，葉幅變窄，株高變低。特別是蕙蘭由於假鱗莖過小，積聚養分有限，一般不宜單株種養，分株也不宜過勤，以4～5株聯體種養為好。

分株前，要從最新的植株上溯其母株，逐一往上推，從株葉的色澤和老嫩，便可看準其生長的代數。代與代之間，就是可分離的線路（圖6-2）。分株時，選擇已經清理好的較大叢植株，找出兩假鱗莖相距較寬、用手搖動時容易鬆動的地方，先用雙手的拇指和食指捏住相連的假鱗莖輕輕掰折，當聽到撕裂的響聲時，再用消毒剪刀剪開其連接體。剪時最好能在剪口處塗上碳沫或硫磺粉，防止因傷口引起根部腐爛。注意使剪開的兩部分假鱗莖上都有新

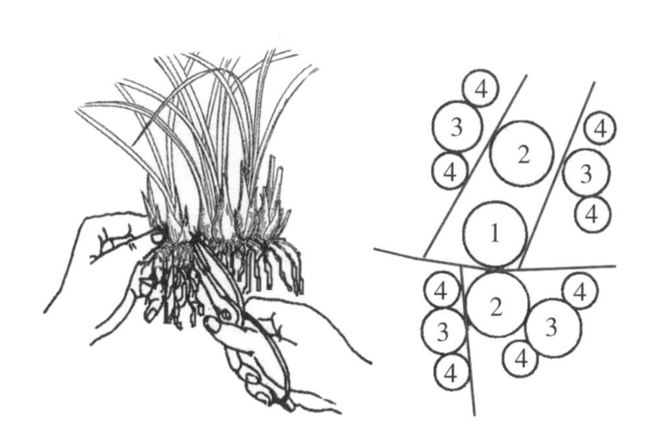

圖6-2　蘭株分叢示意圖

說明：每個圓代表一個假鱗莖；圓圈的數目字，表示蘭株的生長代數；圓圈間的線條，表示可分叢的線路。

芽，各自能單獨發展成新的植株。剪開的每一部分最少應有3個假鱗莖，太少對新生芽生長不利，也不易開花。

分株時務必不要碰傷假鱗莖基部的幼小葉芽。如傷口大呈水漬狀，可用托布津粉或新鮮的草木灰塗在傷口上，以防止菌類感染發生腐爛現象。

同時把其中的乾空假鱗莖和空根、黑腐根剪去，盤曲過長的老根可在適當處剪斷去掉，還應剪去基部的乾枯甲殼和花稈。分株後，蘭花的剪口、傷口處都要用滅菌粉消毒。蘭根若非污濁者，儘量不要水洗（避免傷口感染菌類），可直接植入新盆。

蘭花入盆前，栽培植料也都要消毒。最簡單的辦法是在高溫天氣將栽培植料攤在水泥地上暴曬3～7天；也可以用蒸汽消毒，只要蒸汽通過基質1小時就可以達到消毒效果；此外，用40%福馬林加50倍水噴灑栽培植料並密封兩週，啟封後晾10～20天即可使用。

第二節　假鱗莖培養法

蘭花的假鱗莖俗稱蘆頭、蒲頭等。假鱗莖除了具有貯藏養分和水分的功能之外，還可以用來繁殖。由於假鱗莖上有節，節上有條件適宜便可萌發的活動芽，還有受到刺激便能萌發的潛伏芽（隱芽），所以可以利用假鱗莖來繁殖蘭花。

如國蘭和大花蕙蘭通常每個老假鱗莖下部有兩個芽（上部還有隱芽），一般每年只萌發1個，另1個處於休眠狀態。在分株繁殖時常常會剪下一些老的假鱗莖，一些

蘭花倒苗時假鱗莖還是健壯的，這些老的假鱗莖不要輕易拋棄，它們都有許多潛伏芽，是寶貴的繁殖材料。

一、假鱗莖催芽的環境條件

用蘭花的老假鱗莖催芽，要根據蘭花的生理特點選擇催芽的最佳時期，創造老假鱗莖發芽最適宜的環境條件。蘭花最佳生長季節也就是老假鱗莖催芽的最佳時期，在江南地區一般是每年的3月～10月份，日溫在25℃左右。老假鱗莖發芽最適宜的環境條件為適宜的溫度，濕潤的、通氣透水條件良好的土壤或栽培基質。

催芽時要注意光照的控制，晝溫在20℃以下可讓其曬太陽，晝溫30℃的時候要遮陽，晝溫30℃以上絕對不能讓陽光直射，應選擇最陰、最涼爽的地方，只要有光線即可。要讓老鱗莖長出新芽來，需要等待較長的時間。老假鱗莖出芽短則50天，長則幾個月，這與溫度的高低緊密相關。如果我們在11月進行老假鱗莖的催芽，一般要到第二年的4～5月份才能出芽。

二、有葉假鱗莖的催芽方法

蘭花的假鱗莖一般都帶有葉片。在催芽的時候將健壯的葉片保留，只是剪去一些枯葉、斷根，這種方法稱為有葉假鱗莖催芽。具體的操作步驟為：

（1）將蘭株從盆中取出，清除已枯的鞘葉，洗淨，然後扭轉相連的假鱗莖，使假鱗莖連接處半斷又不斷，緊連帶葉的假鱗莖不要扭轉，以便帶葉的假鱗莖發芽時有充分的養份供給。原則上飽滿的根系留下，爛根空根清除。

（2）用托布津之類的殺菌消毒劑，按說明書上的配比稀釋成消毒液，把假鱗莖放入其中浸泡 2～3 分鐘用以消毒殺菌，浸泡時間不能長。

（3）按正常的植蘭方法把處理後的老假鱗莖連蘭根部重新栽植入盆，先用傳統的植料填至老假鱗莖下面約 1cm。再用植金石或壙基石之類透氣性好的植料覆蓋至老假鱗莖上面約 0.5cm。

（4）選用「促根生」之類的生長調節劑按說明書的配比對蘭株澆灑。如施用「蘭菌王」這樣的生長調節劑，需注意要在有陽光的條件下才會生效。平時管理同其他蘭花一樣，無需特定的條件，關鍵在於平時蘭盆的保濕，每 10 天澆灑一次「促根生」之類的生長調節劑，交換使用促進生根的生長調節劑則效果更佳。經過一段時間養護，基本上老假鱗莖都能生長出完好的新芽，也無需換盆，只要和其他蘭花一樣管理，做到薄肥勤施，如老假鱗莖壯實，次年還可能複花。

三、無葉假鱗莖的催芽方法

在養蘭過程中，一些蘭株因為衰老、漬水、生病等種種原因，造成葉片枯死，但假鱗莖仍然是有生命力的，這就形成了無葉假鱗莖。這些無葉假鱗莖，不論是否有根或無根，只要假鱗莖飽滿、無傷病均能催芽成功。具體操作步驟為：

（1）將這些老假鱗莖上面的葉鞘剝除，去掉枯葉及病根爛根，用清水洗淨後，將假鱗莖進行半分離。最好不要單個種植，單個催出的新芽不易成苗，而且難護理。

（2）用托布津之類的殺菌消毒劑，按說明配比稀釋成消毒液，浸泡老假鱗莖 2～3 分鐘，晾乾 2～3 天，使假鱗莖在扭轉過程中的創傷癒合。

（3）按正常的植蘭方法重新植入盆中，假鱗莖以下的植料一般選用原植蘭方法的植料，目的是保證老假鱗莖尚有根部養份的供養和吸收，以便催芽成功後有充分的養份供應新芽，促進新芽快速長根。植入時在老假鱗莖芽點周圍放一些保濕材料，如水苔、樹皮之類；老假鱗莖及假鱗莖以上選用植金石或壙基石之類的透氣性植料覆蓋約 0.5 ㎝。植料顆粒約米粒大小，以後澆定盆水等管理與平常護養方法相同。經常保持濕潤和溫暖的環境，在 1～2 個月後大約每個老假鱗莖能生出 1～2 枚新芽，爾後在新芽基部生根，細心培養可以成為新的植株（圖 6–3）。

生產中還可以將一些生長衰弱的老株的根、葉故意剪掉，將這些無葉無根的假鱗莖消毒後，用水苔（蘚類植物）包裹保持濕度，埋植在大花盆或木箱中，以促其萌生新芽。如果數量不多，水苔包裹後放在用小塑膠袋中也可以。這種催芽方法俗稱「捂老頭」（圖 6–4），可以加速蘭花的繁殖。

1. 剝去葉鞘

2. 消　毒

3. 栽植入盆

圖 6–3 無葉假鱗莖催芽

1. 剪去根、葉　　2. 消　毒　　3. 催　芽

圖 6-4　捂老頭

四、注意事項

(1) 不要反季節催芽。從理論上說在一年四季均可催芽，但反季節催芽對蘭花新苗生長不利，應在每年蘭花落花後結合翻盆時進行老假鱗莖的催芽，此時假鱗莖催出的芽粗壯有力，氣候也適應新芽的生長。不過有溫室條件的一年四季均可進行催芽。

(2) 不要暴曬或翻曬老假鱗莖。老假鱗莖經過暴曬或翻曬，雖刺激了芽點，使發芽迅速，但催芽成功後新芽生長瘦弱。原因在於老假球莖暴曬及翻曬後，嚴重脫水，在催芽成功後無充足的養份來供養新苗。

隨著新芽的生長，老假鱗莖一般都隨即死亡，新芽的自供能力差，根系尚未完整，加之氣溫的升高，護養難度極大。正確的做法是在氣溫 10～15℃時，適當地晾曬老假鱗莖，以利傷口的癒合。

第三節　種子播種繁殖法

在一般花卉的繁殖技術中，似乎播種是最常用、最普

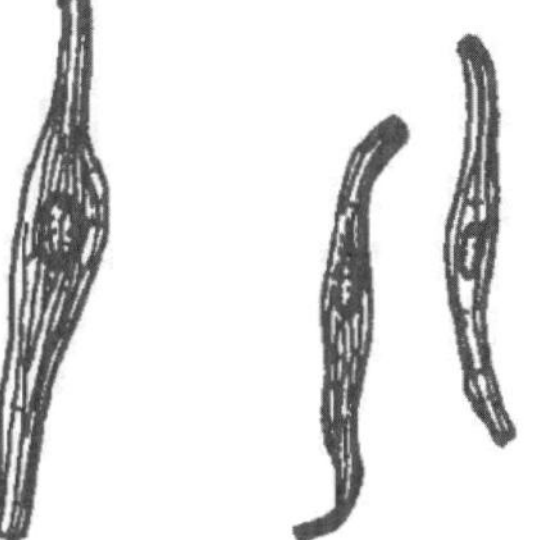

1. 春　蘭　　2. 蕙　蘭　　3. 墨　蘭　　4. 建　蘭

圖 6–5　蘭花的種子

通、最容易的方法，但對蘭花來說卻是不容易的。因為蘭花種子非常細小，呈粉狀，只有在顯微鏡下才能看清它的構造。顏色有黃色、白色、乳白色和棕褐色；形態與大小各式各樣（圖 6–5）。雖然蘭花種子很小，但許多種類從開花授粉至果實成熟期時間卻很長。

蘭花種子幾乎沒有貯藏營養物質，而且種子也未發現有貯藏營養物質的組織。由於蘭花種子在萌發過程中缺少營養物質，在自然條件下很難發芽，即使發芽了，幼苗生長也很緩慢，所以蘭花播種繁殖有一定的難度。

蘭花的種子播種可分為有菌播種和無菌播種兩種方式。有菌播種法既可把種子播於母本盆面，也可用簡易苗盆苗床播種，不要求高級的設施和管理條件，雖然成功率較低，但在一般養蘭家庭還是最容易採用的。無菌播種法，是將種子播於盛有專有培養基的試管或玻璃瓶內。此法要配製要求很高的培養基，種子要滅菌，控溫控濕管理要求高。就是出芽發芽後的分植，也需要較高的生態條件

和管理技術。下面我們介紹這兩種方法。

一、蘭花果實和種子的採收與貯藏

蘭花的果實在植物學上大多屬於蒴果，它的生長發育成熟時間既因氣溫、光照、水肥的不同而不同，也因品種的不同而不同。一般待蒴果的色澤由綠轉黃後 20 天左右採收較適宜。

蘭花種子不耐貯藏，在高溫和高濕的環境中壽命極短。即使將它放在低溫環境中，到第二年種子發芽率仍有所下降，到了第三年則完全喪失發芽力，所以，蘭花種子以隨採收隨播種為好。通常將種子在室內乾燥 1～3 日後，裝在試管中用棉塞塞緊，再將試管放入裝有無水氯化鈣的乾燥器內置於 10℃ 或更低溫的環境中，這樣可在 1 年內保持種子的良好發芽率。

二、蘭花的有菌播種技術

(一)在母本盆面播種

這種方法指的是從這盆蘭花上採摘果實，就將種子播在這盆蘭花植株下面的盆面上。母本盆裏有蘭菌，種子可獲得蘭菌的幫助而提高發芽率。因此可因陋就簡，在其盆面上，鋪一層 0.5cm 厚度的水苔屑（經水沖洗乾淨，擰乾、切碎），然後把種子直接播在其上。此法雖最為簡單易行，但它易因澆施水肥而沖走細小的蘭花種子，也易因澆施肥料而漬傷種子，因而用這種方法播種出芽率非常低。

(二)專用盆播種

這種方法的操作步驟是：

（1）選用高筒、有盆腳、底和周邊多孔的無釉的新陶盆作為蘭花播種專用盆，放在潔淨水浸透退火後，用清潔的泡沫塑膠塊墊盆底，厚約 5cm。取經日光曝曬多日的細砂、消毒後的腐殖土，按 1：1 的比例混合均勻作為培養基質。把基質填入盆內至 2 / 3 盆高後，上面再鋪一層 1㎝厚的水苔屑。

（2）選取「蘭菌王」500 倍液，並加入稀釋液量的 20%的食用米醋。然後把種子放入浸泡 24 小時後，用過濾紙過濾其水分，並用潔淨紙包裹後，放在日光下曬乾。然後將蘭花種子均勻撒播於專用盆的水苔屑之上，用噴壺盛浸種藥液，淋灑盆面。

（3）在播種盆緣用竹片架設拱架，然後選用經冷開水洗淨的黑色塑膠袋把種盆套住，並在盆面的四面，各刺 1～2 個米粒大的小孔洞，以利於透氣。如果播種了許多盆，可以把種盆置於小拱棚之中，外面用塑膠薄膜保溫、保濕，上面覆蓋草簾。平時只給予散射光照，並注意做好防凍、防高溫和保濕工作。約 4～6 個月，種子便會相繼萌芽（圖 6–6）。

1. 浸　種

2. 播　種

3. 置　放

圖 6–6 有菌播種

三、蘭花的無菌播種技術

蘭花無菌播種技術又稱為人工培養基接種法，因為這種方法是將蘭花種子接種在人工培養基上的。整個接種過程為避免菌類的污染，需遵從無菌操作的要求，所以稱為無菌播種。由於整個過程通常在無菌工作臺中進行，工作人員的服裝和手都需經過消毒，各種器具也需經過高壓蒸氣滅菌（圖 6–7）。

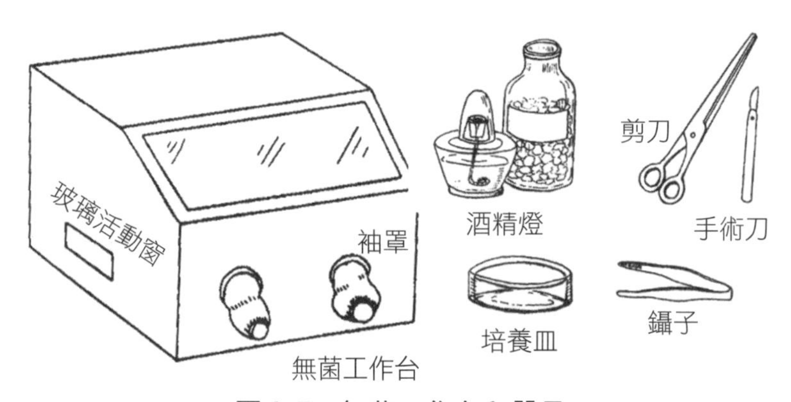

圖 6–7　無菌工作台和器具

蘭花無菌播種的整個流程包括培養基的配製、種子消毒、接種、培養瓶管理、出瓶盆栽等工作。

(一)培養基及其配製

1. 培養基

蘭花胚培養用的培養基常用的有 KundsonC（KC）和 MurasdigeandSkoog（MS）兩種。

KundsonC（KC）培養基的成分用量（毫克）如下：

磷酸二氫鉀（KH_2PO_4）　250

硝酸鈣 [Ca（NO_3）$_2$・$4H_2O$]　1000

硫酸銨 [（NH_4）$_2$・SO_4]　500

硫酸鎂（$MgSO_4$・$7H_2O$）　250

硫酸亞鐵（$FeSO_4$・$7H_2O$）　25

硫酸錳（$MnSO_4$・$4H_2O$）　7.5

蔗糖　20000

瓊脂　17500

蒸餾水　1000 毫升

MurasdigeandSkoog（MS）培養基的成分用量（毫克）如下：

硝酸銨（NH_4NO_3）　1650

硝酸鉀（KNO_3）　1900

氯化鈣（$CaCl_2$・$2H_2O$）　440

硫酸鎂（$MgSO_4$・$7H_2O$）　370

磷酸二氫鉀（KH_2PO_4）170

硫酸亞鐵（$FeSO_4$・$7H_2O$）　27.8

乙二胺四醋酸二鈉（Na_2—EDTA）　37.3

硫酸錳（$MnSO_4$・$4H_2O$）　22.3

硫酸鋅（$ZnSO_4$・$7H_2O$）　8.6

氯化鈷（$CoCl_2$・$6H_2O$）　0.025

硫酸銅（$CuSO_4$・$5H_2O$）　0.025

鉬酸鈉（Na_2MoO_4・$2H_2O$）　0.025

碘化鉀（KI）　0.83

硼酸（H_3BO_3）　6.2

煙酸　0.5

維生素 B_6（鹽酸吡哆醇）　0.5

維生素 B_1（鹽酸硫胺素）0.1

肌醇　100

甘氨酸　2

蔗糖　20～30 g

瓊脂　7～10 g

蒸餾水　1000 ml

配方的氧離子濃度為 3981nmol / 1（pH 為 5.4）

在蘭花的胚培養和組織培養中，添加一些天然複合物有比較好的效果。椰乳是椰子汁，添加量為 10%～20%；香蕉用量為 150～200g / l。

2. 母液的配製和保存

經常配製培養基，為減少工作量及便於低溫貯藏，一般配成比所需濃度高 10～100 倍的母液，配製培養基時只要按比例量取即可。配好的母液需裝在棕色小口瓶中，存放在 0～4℃冰箱中可使用半年至 1 年。如發現有沉澱物則不可再用，需重新配製。

MS 培養基母液

母液 1

硝酸銨（NH_4NO_3）　82.5 g

硝酸鉀（KNO_3）　95 g

硫酸鎂（$MgSO_4 \cdot 7H_2O$）　18.5 g

蒸餾水　1000 ml

配 11 培養基取　20 ml（50 倍液）

母液 2

氯化鈣（$CaCl_2 \cdot 2H_2O$）　22 g

蒸餾水　500 ml
配 11 培養基取　10 ml（100 倍液）
母液 3
磷酸二氫鉀（KH_2PO_4）　8.5 g
蒸餾水　500 ml
配 11 培養基取 10 ml（100 倍液）
母液 4
乙二胺四醋酸二鈉（Na_2—EDTA）　3.73 g
硫酸亞鐵（$FeSO_4 \cdot 7H_2O$）　2.78 g
蒸餾水　1000 ml
配 11 培養基取　10 ml（100 倍液）
母液 5
硼酸（H_3BO_3）　620 ml
硫酸錳（$MnSO_4 \cdot 4H_2O$）　2230 ml
硫酸鋅（$ZnSO_4 \cdot 7H_2O$）　860 ml
碘化鉀（KI）　83 ml
鉬酸鈉（$Na_2MoO_4 \cdot 2H_2O$）　12.5 ml
硫酸銅（$CuSO_4 \cdot 5H_2O$）　1.25 ml
氯化鈷（$CoCl_2 \cdot 6H_2O$）　1.25 ml
蒸餾水　1000 ml
配 11 培養基取　10 ml（100 倍液）
母液 6
肌醇　5 g
甘氨酸　100 mg
鹽酸吡哆醇（VB_6）　25 mg
鹽酸硫胺素（VB_1）　5 mg

配 11 培養基取　10 ml（100 倍液）

3. 培養基的配製過程

（1）將母液從冰箱中取出，依次排好，按需要定量吸取，放入量筒中。稱取瓊脂，加少量水後加熱，並不斷攪拌，直到全部溶化。再加入稱好的糖和前面備好的各種成分，不斷攪拌，使之充分混合。測定已配好的培養基酸鹼度，用 0.1～1 mol / l 氫氧化鈉和鹽酸將培養基調至所需的酸鹼度。

（2）將配好的培養基分別灌注到培養瓶（試管或三角瓶）中，用蓋子（棉塞、橡膠塞、鋁箔）將瓶蓋好，外面再包一層牛皮紙，標明編號。

（3）高壓滅菌。培養基通常用高壓滅菌鍋滅菌。氣壓 111.46～121.59 kpa，10～20 分鐘。冷卻後準備播種（圖 6-8）。

4. 常用培養基配方

由於蘭花種類繁多，用於胚培養的培養基配方也很多，並且各有不同。現將適用國蘭類的胚培養基介紹如下。

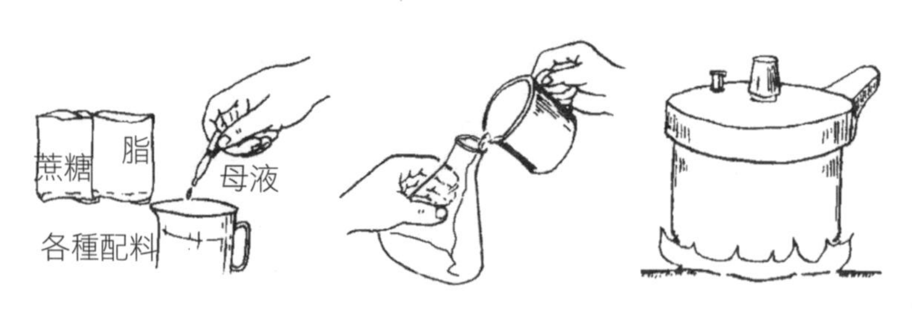

1. 配　製　　　2. 裝　瓶　　　3. 滅　菌

圖 6-8　配製培養基

國蘭適用培養基
花寶1號　3 g
蛋白腖　　2 g
甘氨酸　2 mg
肌醇　100 mg
苄基腺嘌呤（6-BA）　2 mg
腺嘌呤（Adenine）　2 mg
椰子水　　50 ml
香蕉　30 g
蘋果　20 g
蔗糖　25 g
甘露醇　1 g
瓊脂　12 g
蒸餾水加至　1000 ml

本配方的氫離子濃度為3163 nmol / 1（pH為5.5）

（二）種子消毒和播種

蘭花種子接種到培養基之前必須消毒滅菌，一般多採用10%次氯酸鈉水溶液浸泡5～10分鐘，再用無菌水沖洗。種子在消毒液中若不沉澱，可將種子及消毒液裝入密封的小瓶中，強烈振動數分鐘，使種子和滅菌液密切接觸，並排除種子表面的空氣，以達到滅菌的目的。

尚未開裂的蘭花蒴果，可用10%～15%的次氯酸鈉溶液浸泡10～15分鐘，在無菌條件下切開，取種子播種。經滅菌的種子用鑷子移入培養基上。為使種子在培養基表面分佈均勻，可以滴數滴無菌水到接種後的培養瓶中。

（三）接種瓶的管理

接種後的培養瓶可以放在培養室中或有散射光的地方，溫度保持在20～25℃。在胚明顯長大以後，需給予2000 Lx光照，相當於40w日光燈下距15～20 cm。每日10～12小時。

國蘭的胚生長較慢，而且通常不直接長成原球莖和幼苗，而是由胚長成根狀莖，再由根狀莖上產生幼苗。

國蘭用種子播種後3～6個月可見部分胚芽突破種皮。由胚長成綠色並有許多根毛狀附屬物的根狀莖（俗稱龍根）。這種呈爪狀的根狀莖可迅速生長，如果不改變培養基中植物激素的成分配比，不改變培養室的環境條件，就不會或極少形成能發育成幼苗的芽。

(四)小苗出瓶盆栽

在培養瓶中的蘭花幼苗當生長到高5～8cm、有2～3條發育較好的根時，可將幼苗移出培養瓶，栽植到盆中。在試管中苗長大些移栽到盆中成活率高，抗逆性強。小苗從培養瓶中取出後需輕輕用水將其根部粘上的培養基洗去。用切碎的苔蘚、泥炭、碎木炭和少量砂配成培養土，將小苗栽在小盆中，每盆10～20株，爾後放在25℃左右的溫室中，保持較高的空氣濕度和較強的散射光。

蘭花的實生苗出土後非常細小，要精心管理。對剛出土的實生苗先用醫用阿斯匹林1500倍液澆施一次，既可促根催長，又可提高其抗病力。

1週後再澆施「蘭菌王」500倍液和10%的食用米醋稀釋液消毒，並用美國產「花寶5號」2000倍液施肥，每週1次，續澆2～3次，以促根催長。半個月1次噴施廣譜殺蟲滅菌劑，以防治病蟲害的侵染。在通風保濕的基礎上，逐步增大光照量。1個月後可移植到光線較強的地方，隨植株長大及時換盆。國蘭開花較遲，需要3～4年或更長的時間。

第七章
蘭花年年開的栽植技術

當我們學會了購買蘭苗的方法，掌握了繁殖蘭苗的技術，在現實中我們已經擁有了一定數量蘭苗的時候，我們會迫切地想知道蘭花的栽植技術。我們的目標是讓蘭苗由合理的栽植技術，能夠在適宜的環境條件下生長發育，從而年年開花。下面就向大家介紹家庭養蘭栽植技術中傳統的盆栽技術和現代的無土栽培技術。

第一節　蘭花的盆栽方法

用花盆栽植蘭花是傳統養蘭最常用的方法。盆栽蘭花之前，必須做好一系列的準備工作。首先要備好蘭盆、疏水透氣罩、疏水導氣管（圖 7-1）。新盆應浸水，退掉火氣；舊盆應清洗、消毒。其次要備好墊底植料、粗植料、中粗植料、細植料等。

第三要備好種苗。經清洗、修剪、消毒、晾乾後，依品種再分為矮株、中矮株、高大株等。在準備工作做好之後，就可以根據情況進行上盆定植了。

圖 7-1　疏水透氣罩和導氣管

一、選盆和退火

圖 7-2　高筒蘭盆

蘭花盆栽後既要能適於植株的生長，又要美觀大方。首先應選擇最有利於蘭株生長的蘭盆。蘭盆要求疏水透氣性能良好，以質地較粗糙、無釉、盆底和下部周邊多孔、有盆腳的高筒狀的蘭盆為好（圖 7-2）。

其盆的大小，則依蘭株的形態而定。矮種蘭，用小盆；中矮種，用比小盆大一號的蘭盆；株高 40cm 左右的，用中大盆；株高過 0.5m 的，宜用大盆；株高近 1m 或超過 1m 的，則應選用特製的花缸。

無論選擇什麼樣款式的蘭盆，盆選好後都要將蘭盆放在水池中用清水浸透，特別是新瓦盆一定要這樣做，俗稱給瓦盆「退火」，目的是防止新盆壁內的孔穴因沒有浸透水會從栽培植料中吸水，造成蘭花根部缺水死亡。對那些經長期使用過的舊花盆，由於盆底和盆壁都沾滿了泥土、肥液甚至青苔，透水和通氣性能都有所下降，因此，也要先清洗乾淨曬乾，然後放入水池中用清水浸透再用。

二、盆栽植料的處理

根據蘭花的習性，盆栽植料應當具備結構疏鬆，疏水透氣性能；土質偏酸（pH 為 5.5～6.5），無污染，無菌蟲害寄生，無病毒潛伏；有一定的蓄水保濕性能；含有蘭花生長發育需要的大量元素，微量元素和礦物質元素。盆栽

植料的處理，主要包括植料的選擇、調配、消毒、pH 調整等措施。

(一)常見的土類植料

1. 砂 土

我國南方地區的山邊，經常可看到這種由花崗岩風化的砂土，含粗砂量高達 50%以上，民間稱其為「氣砂土」或「五色土」。它偏酸、疏鬆、富含稀土等礦質元素，無污染、無夾帶菌蟲害，對蘭株的生長非常有利。一般混配量在 30%以內。

2. 沙壤土

在山區河岸邊的沙壤土大多偏酸、疏鬆、富含礦物質。缺點是顆粒太細，易板結。用於栽培時要與其他質料混配。

3. 塘泥與河泥

經曬乾的塘泥與河泥已呈塊狀，疏水透氣性能好，富含肥分。其最大的缺點是太肥，且受污水污染，新芽常易被漬爛。應與其他土配合。

4. 草炭土

又稱泥炭土、黑土、草炭，我國北方地區分佈部較多，南方地區只在一些山谷低窪地表土下有零星分佈。pH 為 5～5.5，富含植物酸。目前市場上有商品草炭土出售。在培養土中配混進 8%～10%，可調節基質的酸鹼度。

5. 腐葉土

由樹林下面多年的枯枝落葉腐爛形成，它疏鬆、富含腐殖質，具團粒結構，但較細，常呈粉狀，疏水透氣性能稍差，且夾帶有菌蟲害。

6. 腐殖土

腐殖土一般採自山川、溝壑，多呈黑褐色，它含有的營養元素全面，無夾帶病蟲害，無污染，團粒結構好，不易鬆散，疏水透氣性能良好，是比較理想的酸性植料土。常用於蘭花栽培的有松針腐殖土、草炭腐殖土等。目前，市場上有一種天然顆粒狀深層腐殖土出售，被稱為「仙土」，是養蘭者最常用的植料之一。

(二) 土類植料的調配

調配土類植料，可根據具體情況，適當參考以下所列植料的配方，自己調配植料。

1. 鬆土配方

適合於培育非葉藝蘭。

林下腐殖土或砂壤土或稻根土 70%；有機植料 20%；無機植料（沙石、磚碎、塑膠塊）10%。

2. 色土配方

適合於培育葉藝期待品。

腐殖土 30%；砂壤土 20%；氣砂土 20%；有機植料 15%；無機植料 15%。

3. 畦植配方

腐殖土或砂壤土或稻根土 40%；氣砂土 30%；有機植料 30%。

4. 顆粒土配方

適合於種植高檔固定品種。

顆粒土 30%；腐殖土或砂壤土或稻根土 30%；泥炭土 10%；有機植料 20%；無機植料 10%。

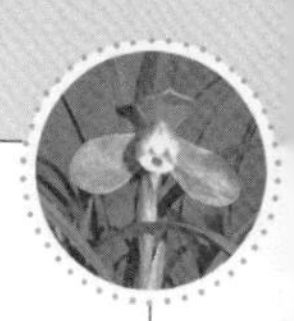

5. 多元配方

適合培植線藝蘭和準備轉為無土栽培的品種苗。

腐殖土或砂壤土或稻根土 15%；氣砂土 15%；顆粒土 10%；無機植料 40%；有機植料 20%。

(三)植料中基肥的調配

蘭花喜肥而畏濁。一般蘭花的培養土調配好之後，可以不下基肥。但為了栽植後少施肥，在植料中把基肥下足，可減少日後的施肥次數，減輕管理工作量。由於全國各地的自然條件不同，可供施用的基肥類型也不一樣，大家可根據以下基肥的種類和調配量自己調配。

1. 蘆葦草炭

蘆葦是生長在濕地水邊或水中的多年生草本植物。將蘆葦刈下堆燃，當燒至全透時，立即淋水悶火，使其成條狀炭，便是蘆葦草炭。它既可調節培養土的酸鹼度，又可抑制黴菌病的發生，還能增加培養土的通透性，是一種含鉀量很高的基肥。調配時按體積比，拌入 1 / 15～1 / 10 即可。

2. 餅　肥

黃豆、花生、芝麻、油菜籽、油桐、油茶等渣餅經尿水浸泡或堆漚腐熟後是蘭花非常好的基肥。值得注意的是餅肥在調配前一定要充分腐熟，否則日後會在花盆中發酵，對蘭苗根部產生「燒苗」危害。一般調配拌入量為體積比的 1 / 20。

3. 羊糞和馬糞

羊糞和馬糞是一種暖性長效肥。使用前同樣要堆積發熱發酵，充分腐熟，然後將其打碎。拌入量為體積比的 1 / 15～1 / 10。

4. 熟骨粉或鈣鎂磷肥

熟骨粉是把動物骨頭火燒去掉脂肪後，研細製成的。鈣鎂磷肥是商品化肥（線藝蘭不可用），拌入量為3%的重量比。

(四)植料的消毒

對調配好的植料，在使用前要把好消毒關。植料常用的消毒方法有三種。

1. 日光消毒法

此法最簡單實用。具體做法是將調配好的蘭花栽培植料運至混凝土場地，選擇晴天攤開，讓烈日曝曬 2～3 日，攤曬時要薄薄鋪開，並時常翻動，利用烈日高溫和日光中的紫外線殺死植料中的細菌。

2. 蒸汽消毒法

此法適於小規模栽培，植料需要量小的情況。將植料放在適當的容器中，隔水放在鍋中蒸煮，利用 100～120℃ 蒸汽高溫消毒 1 小時，就可以將病菌完全消滅。

3. 藥劑消毒法

最常用的藥劑是 40%的福爾馬林，消毒時將按每立方公尺 400～500 ml 的用量，均勻噴灑，然後將植料堆積在一起，上蓋塑膠薄膜捂悶兩天後，揭去塑膠薄膜，攤開植料堆，等福爾馬林全部變成氣體散發，消毒才算完成。

(五)植料pH值的調節

蘭根最適合生長於 pH 為 5.5～6.5 的基質之中。植料過酸或過鹼，都不利於蘭花的生長，嚴重的還可導致蘭株的死亡。因此在栽植前，最好先對植料的酸鹼度進行測定。一般家庭可以從化學試劑商店購買一盒石蕊試紙，盒

內裝有一個標準比色板。測定時取少量植料放入乾淨的玻璃杯中，按土水 1：2 的比例加入蒸餾水攪拌溶解後，經充分攪拌後，讓其沉澱，取其澄清液，將石蕊試紙放入溶液內（圖 7–3），約 1～2 秒取出試紙與標準比色板比較，找到顏色與之相近似的色板號，即為植料的 pH。

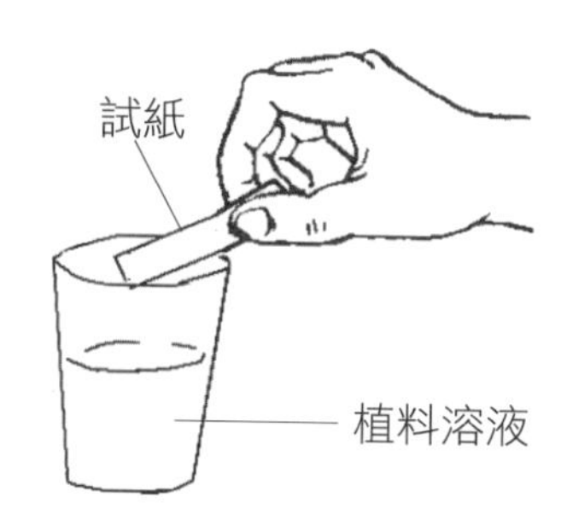

圖 7–3　植料 pH 值測定

根據測定結果，對於 pH 不適宜的植料，可採取如下措施加以調整：偏酸性，可用 5%的石灰水澆淋，或拌入石灰氮、鈣鎂磷肥等鹼性肥料來中和。對於偏鹼性的植料，可加 2%過磷酸鈣溶液，或 100 倍米醋液；也可在植料中拌入 2%的硫磺粉、石膏粉。

三、蘭苗的處理

蘭苗在上盆前一般都應當進行糾正脫水、清雜、消毒、晾根等處理工作。

(一) 糾正脫水

糾正脫水的處理是針對購買蘭苗出現脫水現象而進行的一項處理工作。新購的下山蘭和外來苗如果在運輸途中管理不善，常有葉片捲曲、根系乾癟等脫水現象出現。對輕度脫水蘭苗可以把它放入水中浸泡一會，使葉片和根系的脫水現象得以糾正。對那些脫水較嚴重的蘭苗，應採取間歇性的糾正脫水法糾正脫水。

方法是將蘭苗平放在地上，先用裝有清潔水的噴霧器

圖 7-4　修剪蘭根

將蘭苗全株噴濕。待其乾後 1 小時，再噴濕。如此間歇性噴濕，讓根皮變軟，根體、葉片也都已吸收了些水分，等到蘭株初步恢復自然，再和正常蘭苗一樣給予進一步的清雜和消毒。

(二) 蘭苗清雜

上盆前的蘭苗，不論是下山蘭還是家養蘭，都會有枯朽的葉鞘、病殘敗葉、老爛病根等。蘭苗的這些部分不僅有礙觀賞，而且會給病蟲害留下藏身和再侵染的場所，所以必須徹底地清除。

首先用剪刀仔細將蘭花上的老、爛、病、斷根全部剪除（圖 7-4），然後用小剪刀小心地剪除枯朽、病殘的葉鞘，不給病蟲害提供庇護場所。在清除的過程中，不要用手硬拔葉鞘，以防傷及葉芽和花芽。

蘭花在栽植前，要對葉片逐片翻檢，特別是葉背，只要有病斑，均應毫不惋惜地剪除，並應連同病斑鄰近的綠色部分，擴創 2cm 左右。

對葉片上僅有極細的一小斑點，如捨不得剪除的，可用醫用「達克寧」藥膏塗抹。對於無葉的葉柄，也應徹底剪除。凡有葉片的 2 株連體植株，其所依附的假鱗莖不論多少個，均可掰掉；如僅有一個假鱗莖有葉片，那就該保留一個無葉假鱗莖，以使其有同舟共濟的條件。

(三) 蘭苗消毒

蘭苗消毒是防治病蟲害的首要措施。消毒時應抓住重

點、綜合考慮，根據不同情況分別消毒，力求全面週到。

1. 預防菌類和病毒

蘭苗如果來自於自育蘭圃裏的換盆苗，應根據自家蘭圃裏曾發生過的病害，如「白絹病」、「炭疽病」、「細菌性軟腐病」、「疫病」等，採用與之相對應的消毒藥劑浸泡。炭疽病：可用德國產「施保功」1000倍液。疫病或黑腐病：可用64%「卡黴通」700倍液。黑斑病：可用71%「愛力殺」500倍液。白絹病：可用醫用氯黴素2000倍液。細菌性軟腐病：可用鏈黴素2000倍液。

對於來自病毒流行區的蘭苗，不論是購自販運者還是郵購的，也不論是否有病毒特徵顯現，均應按有病毒潛伏的蘭苗來對待，將它們無一例外地用顯效抗病毒劑浸泡。

如果僅是引種下山蘭或自育的基本無病害的蘭苗，就可選用廣譜、高效殺菌劑消毒。

2. 預防蟲害

仔細觀察蘭株，如發現蘭苗上已有介殼蟲、紅蜘蛛等蟲斑，或是自育蘭圃裏曾發生過各種害蟲為害的換盆苗，就應選用具有殺卵功能的殺蟲劑消滅可能潛伏的蟲卵。如果發現確實有介殼蟲卵，可用「蟲卵絕」、「介殼淨」800倍液浸泡蘭苗。

3. 綜合性消毒

在實際情況下，蘭苗的病害往往是不止一種的。所以除了需要防菌類和病毒之外，還應考慮在上盆的節令裏最易流行的是什麼病害，或者蘭苗上已經有了什麼病徵。然後根據蘭苗的發病情況，在主攻藥劑中加入相應的副攻藥劑。

圖 7-5　蘭苗消毒

如果不知蘭苗的來源，也難以辨識是什麼病症的情況下，只好採取綜合性消毒的辦法。一般選用真菌、細菌並殺的 32%「克菌」1500 倍液；或 71%「愛力殺」6000 倍液；或 78% 埃爾夫公司的「科博」600 倍液與 500 倍液「病毒必克」混合浸泡。

為提高防治效果，可在各種稀釋液中加入 200 倍液的食用米醋以引藥直達菌蟲體而增加殺滅效果。無論用什麼藥劑，消毒的方法都是將蘭苗浸泡在藥水裏 10～15 分鐘，然後取出晾乾（圖 7–5）。

(四)蘭苗晾根

晾乾蘭根的目的在於讓蘭根由脆變軟韌，便於理順佈設，減少新的斷根。不論是換盆苗還是剛引進的蘭苗，經過清洗、浸泡消毒之後，蘭根裏便充滿了水分，質脆易斷。經晾曬成半乾後，根軟而韌，上盆時可在盆內依需佈設，不易折斷。此外，經由晾曬，既可使根的創口癒合結痂、減少新的爛根，適度陽光的照射可以將沉睡的根和假鱗莖細胞激活，增加發芽率，促進發根發苗，提高生長力。

蘭苗晾根的方法很簡單，如果是在晴天，把經浸泡消毒過的蘭苗沖洗乾淨後，攤放於日光下，用紗布或遮光網蓋住所有蘭葉，在早晨的弱光照下晾曬 2～3 小時。如果光照強烈，晾曬的時間一般不超過 2 小時。在曬根的過程中為防止

葉片脫水，可用葉面噴水遮陽保鮮。晾曬時應注意經常翻動，以讓所有莖和根全面接受陽光沐浴。如遇陰天，可把蘭苗攤於通風處，下面架空，晾根 2～3 天（圖 7-6）。如發現葉片有輕度脫水，可採取對葉片噴水霧的方法使葉片水分還原。如果只有少量的蘭株，可將蘭苗倒掛在通風處，讓風吹乾水分。

圖 7-6 蘭苗晾根

四、蘭苗上盆

蘭苗上盆的操作技術程序一般分為墊排水孔、填墊底植料、填粗植料、布入蘭株、填入中粗植料、填入細植料、構築饅頭形等 7 個步驟（圖 7-7）。

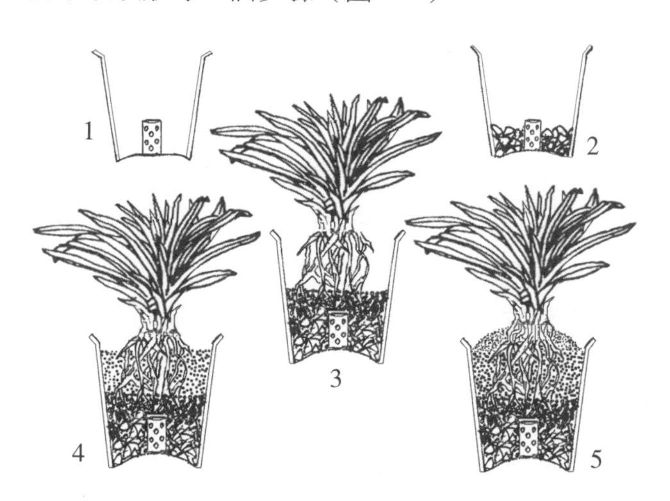

1. 蓋上疏水透氣罩　2. 填墊底粗植料　3. 放入蘭株
4. 填入植料　5. 壘築盆面

圖 7-7 蘭苗上盆程序示意圖

1. 墊排水孔

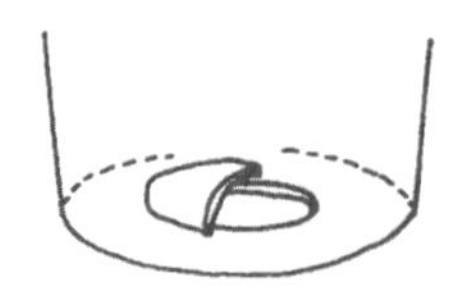

圖 7–8　墊排水孔

栽培蘭花用的盆底部都有一個較大的排水孔。如果所選的蘭盆排水孔不夠大時，要用工具將其擴大，以利排水和透氣。為了防止害蟲和蚯蚓從盆底排水孔進入盆內危害蘭花根系，要在盆底排水孔上先蓋一片塑膠網罩（例如窗紗），遮住盆底孔，再在上面加蓋大片的碎盆片數片，使各個碎盆片之間交錯重疊排列，形成自然的間隙（圖 7–8）。如果僅用一大塊瓦片蓋上，容易使排水孔淤塞，致使蘭盆積水，漬爛蘭根。

盆底中孔遮擋物，也可以使用一種蘭花專用的排水器，蓋在排水孔上，起的作用與碎盆片相同。現在市場上出售的由專業塑膠製品廠生產的「疏水透氣罩」。它為圓塔形，根據花盆大小有多種型號，其上孔洞密如篩，經久耐用，價格也不高。如不方便買到，或者只有少量栽培，也可用易開罐、礦泉水瓶等自己製作。只要將礦泉水瓶上半部切去，留下下半部，用火扦子在上面烙燙出若干排水孔，然後瓶底向上擺放就可以了。上好疏水透氣罩後，再放入疏水導氣管，一般直插於疏水透氣罩之上，如果盆栽單簇蘭的，可斜放，讓上端靠盆口緣。

2. 填墊底植料

排水孔墊好後就可以填墊底植料了。填墊底植料是為了構成一個排水層。排水層的厚度為盆深的 1 / 5～1 / 4。這一層的厚度常因蘭花種類不同而有所變化。要求根部透氣

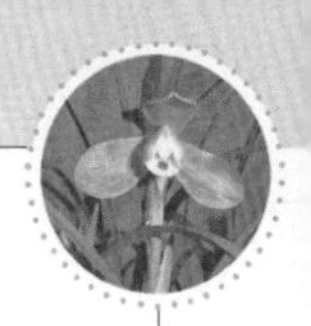

性強的建蘭、墨蘭，可以適當厚些，春蘭和蕙蘭可以稍薄些。盆栽蘭花成功的關鍵之一是盆土一定要排水透氣，蘭花栽培專用的蘭盆多為長圓柱體，就是為了能在盆底構成這個排水層。過去一直用直徑為 0.3～0.6cm 或 1cm 的碎瓦盆片顆粒或浮石顆粒，現在從物品的性能來看，最好使用軟木炭，它質地輕，既能疏水透氣，又無污染，而且盆內水分過多時，能吸掉部分；當盆內乾燥時，又能濕潤基質。其次是泡沫塑膠碎塊。此外，也可使用經陽光曝曬過的乾樹草根作為疏水透氣墊層物。

3. 布入蘭株，填入中粗植料

植蘭入盆時往往要將幾叢蘭苗拼成一盆外觀相稱的一撮苗。植入方式為：老株靠邊站，新苗擺中間，注意要使有新芽的部分向著盆沿。栽植時要給 2～3 年內生出的新芽留出空位。因為不論是簇蘭還是單株蘭，都要萌發新株。把有老株的一側或鱗莖略偏的不易發新芽的一側偏向外側，把附有株一側和單株鱗莖呈圓弧形一側朝向約有 3 / 5空間的內側，待新株發出來後，整盆蘭將正好處於盆面中央。從觀賞角度上看，集中栽於盆中央，比較緊湊，有團聚的美感；從生產角度上看，分散佈設栽植，有利於通風透氣、透光受陽，減少病蟲害的為害，也有利於發芽和開花。

如果是盆栽 2～3 簇，每簇又不超過 3 株的，可以把新株朝外母株朝內，呈三角形，相對集中於盆中央栽植；至於盆栽多簇的，還是呈四角形、五角形或圓周形佈設栽植為好（圖 7–9）。

直桶盆可將蘭花放於盆中間，蘭根直立進盆；敞口盆由於盆比較淺，要將長蘭根轉圈於盆壁，以使蘭苗穩住根

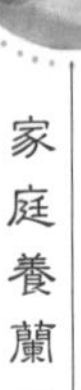

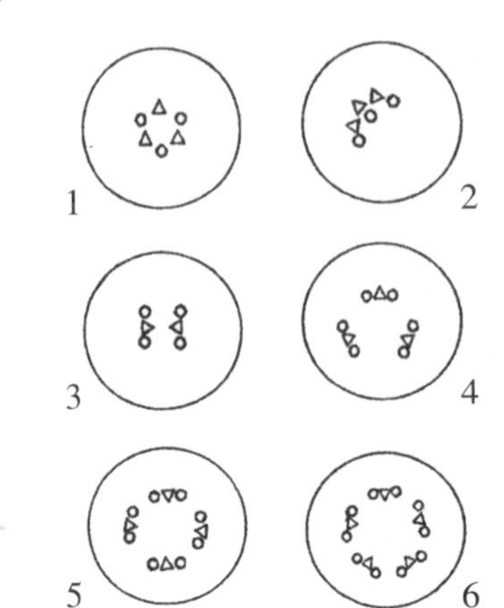

1. 單簇中植
2. 單簇側植（為新株留生長空間）
3. 雙簇中植
4. 品字形佈置
5. 方形佈置
6. 梅花形佈置

注：大圓圈表示盆面，其中的「△」表示老化植株，「○」表示剛發育成熟的健壯新植株。

圖 7-9　蘭株佈設形式示意圖

基。蘭根長的，可在填入墊底植料後，即布入蘭株。一般是填入粗植料之後，布入蘭株。一手扶住蘭株，理順蘭根；一手填入中粗植料。如是盆植多簇蘭株的，應請另外一個人幫填植料，直至盆高的過半。最後填入細植料，直至盆高的 85%。

填充植料時要逐步添加，做到實而不虛，虛易脫水而腐根。小盆植料宜細，大盆植料宜粗，植料放好後輕搖蘭盆，使蘭根與植料稍有接觸。宋代趙時庚《金漳蘭譜》對蘭盆內填植料有明確說明：「下沙欲疏、疏則連雨不能淫，上沙欲濡，濡則酷日不能燥」。 栽植過程中根據栽植的深淺向上輕提蘭苗，以便把蘭花的根系在盆中理順。

盆栽用的腐植土要稍乾一些為好，這樣盆栽時腐植土容易填入密集的根系之間。但也不宜過於乾燥，因為腐植土乾燥後極難吸收水分，盆栽後往往澆水很多次也不能把盆土澆透或只是盆土表面濕潤，而盆內仍然是乾土。

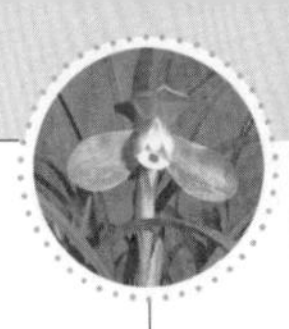

栽植好的蘭花苗應稍向內傾斜，這樣將來生出來新芽才是直立的，可保持優美的姿態。

填充植料時還要注意邊填邊將蘭株向上提一提，這樣做一是可以使蘭根舒展不窩根，二是使蘭花處於淺植狀態。因為蘭花在野生時，其假鱗莖都是裸露於地表的。明代簟子溪先生在其名著《蘭易》中總結出「蘭喜土而畏厚」的生長習性。形象地說：「栽蘭栽得好，風也吹得倒」，以極言淺栽之重要性。從蘭花的形態特性看，它的葉芽和花芽都是從假鱗莖基部長出。如果深栽了，其生長點和幼芽極易遭水肥漬爛。因此，栽蘭深淺的原則是應該讓假鱗莖的 3 / 5 裸露出地表，讓長葉芽、花芽的假鱗莖基部有土依附，有濕潤的條件和有透氣、受陽光的條件。上盆時，讓假鱗莖的頂端與盆面緣保持一致的高度最為恰當。

4. 構築饅頭形

蘭苗栽植穩定後，要在假鱗莖根基間填入泥炭土等植料，然後逐步填上細植料，用手拍拍盆壁，使基質與蘭根緊貼。接著再填細植料，使株莖與基質在盆面上構築成饅頭形並微露於盆面，使蘭株基部半裸露於盆面，這樣可以增加根系的生長空間，避免水肥漬傷，利於澆施水肥。最後在饅頭形之上鋪上一層水苔，或密排上小石子，

圖 7–10　各層植料示意圖

以防在澆施水肥時，饅頭形被水沖散，也可以減少平時植料中的水分蒸發。至此，即告上盆完畢（圖 7–10）。

五、栽後澆水和緩苗

一般花卉栽植後都是立即要澆定根水的。這樣做是為了讓花卉的根系能夠與培養土即時密切接觸，確保花苗不因移植而失水。但由於蘭花的根系的特殊性，有些蘭苗可以即時澆定根水，而有些蘭苗卻要緩澆。因為即時澆定根水對有些蘭根的傷口會形成漬水腐爛。

對於苗質好，株葉健康，幾乎無創口，栽前又未經過浸泡消毒的換盆苗；或者蘭根已十分乾燥，急待水分滋潤的下山蘭和外購蘭苗宜即澆定根水。

對病蟲斑多，但苗尚壯實或者創口多，完整根少，已經多種藥液輪番浸泡消毒的蘭苗宜緩澆定根水。一般栽植後隔 2～3 天再澆水比較適宜。

蘭花澆定根水的方法有三種：淋澆、盆緣緩注、浸盆（圖 7–11）。澆水時可根據不同情況採用不同方法。

1. 盆緣緩注法

2. 淋澆法

3. 浸盆法

圖 7–11　澆定根水的方法

1. **淋澆法**

對於不存在未發育成熟的新芽株的，可採用淋澆法。此法既方便，又可清洗掉沾在葉片上的泥沙。

具體做法是先將蘭花植株與盆內植料用水澆透，澆水後 10 分鐘左右，再用水噴淋蘭花植株，起清洗葉面的作用。淋、洗後蘭花根部已吸入水分，為保證根系充分吸入水分，在噴洗後 10 分鐘再澆一次水，這叫補澆。補澆後 10 分鐘，再用稀釋 1000 倍的托布津或多菌靈液噴淋蘭花植株及盆內，這是積極預防病害發生的必要措施。

2. **盆緣緩注法**

對於有新芽長出，或新株正在展葉期，應採用盆緣緩注法。此法可避免水澆至葉芽心部而造成水漬害。

具體做法是用水壺或其他盛水的容器將水沿花盆邊緩緩注入，要求緩慢澆灌，過 10 分鐘後再續澆一次，力求澆至盆底孔有水滲出為止。

這樣，基質中的粉末狀沙土，可隨澆定根水而排出盆外，減少了盆土板結的可能性。

3. **浸盆法**

對於用素燒盆栽植蘭花的，可以用浸盆給水法。

方法是用大盆盛水，將栽植好蘭花的蘭盆浸泡在水中，讓水由盆底排水孔和盆壁緩緩浸入蘭盆內。這樣可保證濕透全盆基質，又不沖實土壤。但此澆水法費時費事，只適於栽培量少的情況。

對於緩澆定根水的，應注意葉面噴水霧，以防葉片脫水。澆好定根水的蘭苗，蘭盆要放在陰涼通風的環境下，不能直接有陽光照射，給蘭花 7～10 天的休養生息期，然

後再上蘭架轉入正常管理。

六、清養蘭根

「養蘭先養根」。有時在同樣的陽臺、同樣的管理、同樣的肥料情況下，卻會出現有的蘭苗健壯油綠，有的蘭苗發苗不壯、開花不勤，葉尖也有焦頭的現象，這實際上與蘭根有很大關係。所以，不管什麼苗，購買到家裏用大盆栽植以後，先不予施肥，只用清水陰養。少則幾個月，多則一年。先把根養好了再給它施肥。因為大多數從蘭販子手上拿到的花，都是在蘭場培育出來的。蘭場的條件是家庭無法相比的，有些花甚至在到手時候已轉了好幾家了。無形中，蘭花就已經歷好幾個環境。這樣的蘭草最易倒苗。養這些花時，要讓它慢慢的適應您家庭的環境。使購入的蘭草能在您家庭的環境生長到最好的狀態。

購入的蘭草，經過清雜、消毒、曬根之後上盆。澆透清水後陰養，同時注意保持濕度和通風。每隔一個半月，以千分之一的布托津溶液噴灑蘭葉面，以防止病害。

陰養的時間由根的生長狀態而定。待根好之後，逐漸施以薄肥。在三個月內慢慢恢復到正常的肥力。來年就會看到發苗和開花的效果了。

七、換　盆

換盆又叫翻盆，是將小植盆換大植盆，或培養盆換觀賞盆，目的是給蘭花創造更好的生活環境。一般而言，栽培兩年以上的殖材養分大都耗盡，應適時翻盆更換植料，以供蘭花生長之需。但弱苗可適當延長翻盆年限，翻盆過

勤反不利於蘭花的復壯。

換盆在一年四季均可，一般在花後休眠期進行為好。春季開花的蘭花，在 9 月下旬至 11 月或新芽萌動以前換盆；夏、秋開花的蘭花，要在 4 月上旬至下旬進行。

舊盆的介質若未鬆脫，可原封不動植入新盆，空隙中再補入新的植料，如此可減少根部受損，開花者花梗也不致彎曲變形。

蘭花翻盆是養蘭的一項重要技術，操作過程與分株上盆基本相似。翻盆前要認真做好準備工作，選擇好栽植材料，所選用的植料要添加基肥，並且都應過粗孔篩，篩上物用於盆體的下半部，篩下物再過細孔篩，篩上物用於盆體的上半部，篩下物不用。準備好的植料都要進行高溫或藥物消毒。

翻盆前蘭花要停止澆水，使盆土逐漸乾燥，以防脫盆時損傷蘭根；在盆土充分乾燥後，輕輕取出植株，除去泥土，用清水洗淨根、葉，晾乾待蘭根變軟後，用剪刀剪除爛根、斷根，剪口塗上木炭粉或硫磺粉，以防病菌感染。修剪根部的剪刀應專用並進行消毒，場地應清潔，清洗蘭株的水要衛生，清洗好的蘭株切忌暴曬，應放在陰處晾乾為好。以後的花盆墊孔、上盆、填土、澆定根水、緩苗等工作都與分株栽植相同。

八、修　剪

蘭花是多年生植物，一般常存留有過多的老葉和老假鱗莖，既影響美觀，又不利於空氣的流通，還容易感染病害，因此要時時注意修剪。

圖 7-12　除花芽

首先對枯黃的老葉和病葉要堅決清除，其次凡是葉尖出現乾枯變形的，以及假鱗莖乾枯或出現病變霉爛的也要及時清除。至於不健康的葉片則要根據實際情況確定，為保持一定數量的葉片，不宜剪除過多。

此外，花葶和花是消耗養分的器官，要加以限制，一般留 1～2 個花芽即可，過多的要及時除去（圖 7-12）。如果不需要種子，花開始凋謝時即可剪去，整個花序上的花大部分凋謝時，可將花序剪除。修剪的工具要在事前用酒精、福爾馬林、高錳酸鉀等消毒，一般家庭用蒸煮或直接在火上燒烤也可以。若與病株接觸，修剪後要馬上消毒，以免傳染健康植株。

第二節　蘭花的無土栽培法

所謂蘭花無土栽培就是用非土基質（如苔蘚、樹皮、沙礫等）和人工營養液代替自然土壤進行的蘭花栽培，如果只用營養液栽培也稱水培。

一、無土栽培的優點

蘭花用無土栽培概括起來有三大優點。

（1）它不受介質種類的限制，用硬質介質、軟質介質或是水都可作為基質栽培蘭花。

（2）在栽培過程中可人工調控蘭花生長所需要的環境

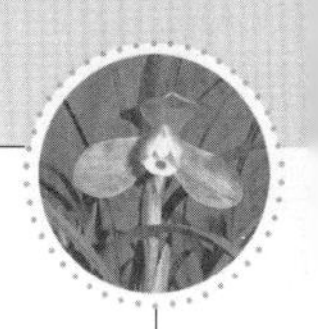

條件，充分利用現代種植技術，對蘭花生長所需要的光照、溫度、水分、濕度、通氣度、栽培基質中的養分含量進行調控。

（3）蘭株根群壯，長勢旺，病蟲少，老葉會增厚，新葉短而寬，葉尾不枯黃，發芽率和開花率高。

二、無土栽培植料的種類

無土栽培的植料根據性質，可分為有機植料和無機植料兩大類。

1. 有機植料

有機植料有多種，一般只要能滿足蘭花根系疏水透氣的要求，都可以用來做栽培植料。家庭養蘭可根據當地資源，在以下介紹的植料種類中選擇最容易獲得的植料。

（1）**樹皮**。樹皮一般都是疏鬆透氣的木栓組織，保水保肥能力也比較強。現在市場上已經有專業生產廠家利用樹皮製造出顆粒植料，出廠前已經經過腐化和消毒處理，可以直接用於蘭花無土栽培。

（2）**鋸末屑**。它的體積過細，保水性強，混合配量宜少。

（3）**水苔**。屬於蘚類植物。它的莖上有絨狀葉，質鬆軟、保水性能強，是專用的根群保濕物。新鮮的水苔，會在蘭盆裏繼續生長，一般都用乾成品，乾品保水性特別強，如果單獨使用，應適當控制澆水量。無土植料可混入2 / 10。

（4）**松針**。松林下的落葉。它不易腐爛，並具有殺菌功效，是養蘭的優良有機植料。用刀把它切成 30㎝左右

長，混入有機和無機植料 20%～30%，疏水透氣性能極佳。

（5）**高粱糠、椰糠**。椰糠保水性太強，用量宜少，混合量以 1/20 為宜；高粱糠混合量可大些。

（6）**穀皮、豆莢殼**。如稻殼、菜籽殼、花生殼、龍眼或荔枝殼、瓜子殼等。因這些都屬於植物果實種子的殼，含有較多鹽分、糖分，要先搗碎和反覆浸泡沖洗乾淨再使用。

（7）**廢渣料**。主要有食用菌廢植料、山蒼子渣、中藥渣、甘蔗渣（要先浸泡去糖分）、玉米棒碎料等。這些廢渣料雖然含有許多有機質，但成分複雜，使用前要充分腐熟。

（8）**木炭、蘆葦草炭**。有調節盆內濕度的作用。蘆葦草炭尚有抑制黴菌繁殖的作用。為上乘的植料之一。但它是鹼性，配合量宜在 5%左右。

2. 無機植料

無機植料的類型也很多，大致可以分為三大類：

（1）**沙石類**。如火山石、風化石、海浮石、蛭石、粗河沙等。

（2）**火煅類**。如空心陶粒、珍珠岩、磚瓦碎粒、陶瓷窯土粒等。

（3）**塑膠類**。主要是用發泡塑膠塊，如電器、儀錶防震包裝物的碎片。

在使用時，要注意那些邊角銳利的磚粒、石片容易使蘭根受到損傷。如要使用，最好經過破棱機加工，使其表面光滑、邊角圓鈍後再用於無土養蘭。

三、無土栽培植料的處理方法

無論是有機植料還是無機植料，在使用前都應清洗和消毒，以防夾帶病菌等有害微生物，影響蘭花正常的生長。

有機植料常用的消毒方法有三種。一般可以用清水淘洗後，攤於室外讓烈日曝曬 3 日以上，攤曬過程中要常翻動（圖 7-13）；若用蒸氣高溫消毒 2 小時更好。也可用 5%的石灰水浸泡 24 小時後撈出，再用清水沖洗乾淨，曬乾備用。

圖 7-13　攤曬植料

無機植料一般無需消毒，只用潔水沖洗去灰塵便可。不過火煅類植料由於顆粒中含大量的空隙，要用水浸泡 24 小時，使其充分吸收水分，這與新花盆浸水「退火」是一個道理。

四、用植料進行無土栽培的技術程式

1. 調配無土植料

（1）**全無機植料配方**。適於培育線藝蘭。配法為：泡沫塑膠碎塊 30%，磚瓦碎塊 30%，石類植料 40%。

（2）**全有機植料配方**。適於培育非線藝蘭。配法為：樹木類 30%，莖葉類 10%，種籽殼 10%，廢渣料 10%，炭

類 40%。

(3)混合配方。無機植料 70%;有機植料 30%。

2. 備好植料和盆缽

無土栽培使用的蘭盆(不論何種質地)只要求高筒狀,有盆腳、盆底和下部周邊有疏水透氣孔的就行。新陶盆要浸水退火,舊盆要清洗,並要用廣譜殺蟲滅菌劑稀釋液浸泡消毒 2 小時。

3. 備好種苗

把土培苗起苗、洗淨、剔除枯朽部分,擴創病蟲斑,選用廣譜殺蟲滅菌劑稀釋液浸泡 1 小時後,撈出、沖洗、晾乾。

4. 上　盆

盆底略填入些較粗的植料,便可布入植株,理直根系,一手握住叢蘭的假鱗莖,讓假鱗莖略露出盆面;另一手緩緩添加植料至假鱗莖基部,最後用水苔鋪於盆面以保濕。

五、無土栽培的管理

無土栽培的蘭花的管理,基本上與有土栽培的相同,所不同的是水肥的供給不同。

1. 澆　水

由於無土栽培的植料格外粗糙,保水性能低下,因此澆水次數要比有土栽培的多 3～4 倍。一般冬季休眠期,每日 10 時許澆透 1 次;早冬和晚春,每日早晚各澆透水 1 次;盛夏金秋的生長期,每日早、中、晚各澆透水 1 次。酷熱地區,每日的 7、11、14、17、20 時各澆透水 1 次。要做到「寧濕勿乾」。

2. 施　肥

由於無土栽培的基質不具微生物分解有機肥，故宜施用無機化肥配製成的營養液。一般大型的農資或花卉商店有銷售，如美國產「花多多」、各種液體葉面肥等。如買不到，可參考下列配方自行配製：

無土栽培營養液參考配方（每 Kg 含量）

成分	重量（g）	成分	重量（g）
磷酸二氫鉀	1.00	硫酸鎂	0.20
硝酸銨	0.50	硫酸銨	0.05
硫酸錳	0.05	鉬酸銨	0.05
硼酸	0.02	硫酸亞鐵	0.005
硝酸鈣	0.02		

值得注意的是，如果培育線藝蘭、水晶藝蘭、圖畫斑藝蘭，應除去「硫酸錳、硫酸鎂」的成分，以防葉綠素的大量增加而導致藝性退化或消失。

施肥時將表中所列的肥料倒入盛有 1000～1200g 潔淨水中的容器中，充分攪拌至完全溶解，便可直接施用。施肥的方式有根澆和葉面噴施 2 種（圖 7–14）。

（1）**根澆**：4～11 月，每月 3 次；12 月至翌年 3 月，每月 1 次。嚴寒和超高熱天應暫停澆施，待氣溫緩和時補施。澆肥前停止澆水半天；澆肥後停止澆水 1 天。在暫停澆水的時間裏，如遇高溫高燥天氣，應加強葉面和盆面噴水，以防脫水。

（2）**葉面噴施**：一般每週噴施 1 次，也可把肥料再擴

1. 溶解肥料

2. 噴施肥料

圖 7-14　葉面施肥

大稀釋 1 倍，每 3～4 天噴施 1 次。以晴天下午 4 時後噴施為最佳。應注意噴及葉背。葉面肥的品牌要常更換。線藝蘭、水晶藝蘭、圖畫斑藝蘭勿施用含有高氮和含鎂、錳元素的葉面肥。

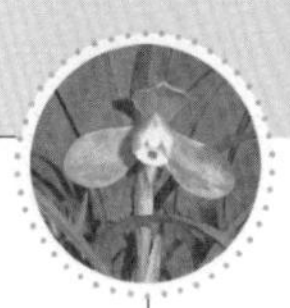

第八章
蘭花年年開的光、溫、氣管理技術

俗話說「三分種，七分管」，要讓蘭花年年開，做好養護管理工作更加重要。蘭花栽培管理技術主要體現在地上部分和地下部分兩個方面的管理。地上部分的管理，重點是光照、通風和空氣濕度的控制、葉片和花朵的整姿、病蟲害防治等。

地下部分的管理，重點是水分的管理、肥料的施用等；蘭花生長發育的正常與否，與其生活的環境條件密切相關，蘭花的各項栽培技術基本上都是為了協調好蘭花生長發育的環境條件而採取的各種措施。

第一節　光照的管理

蘭花「喜日而畏暑」。缺少陽光，蘭花不會形成花芽，也就不會年年開花。因此，在蘭花的光照管理上，應當依其習性，在冬春季節光照弱時，除了葉藝蘭花給予半遮陰外，其他綠葉蘭可以全光照，以利蘭株的正常生長發育；而在夏秋季節光照強時則應避光遮陰，方可有效地避免日灼害。

一、用建築物調節光照

利用蘭花溫室或亭、廊、水榭等的擋光位置，適當擺放蘭盆。在向陽的地方可以掛上遮光網或竹簾。遮光網有不同的密度，產品標記上有遮光的密度，通常為 50%，60%～70%，70%～80%，90%。遮光網堅固耐用，重量輕，便於使用，是良好的遮光材料。

在夏季可利用蔭棚。蘭花蔭棚形式可以多樣化，建築材料也可採用不同的來源。一般比較堅固的永久性建築，可採用鋼筋混凝土作骨架，上面鋪蓋竹簾或遮陽網。也可以採用竹、木、鋼管作為骨架，上蓋竹簾或遮陽網。

上面蓋的竹簾、遮陽網等應有不同的疏密度，最好能自由活動，隨時能自由調節以控制遮光度。目前市場上有專門生產這類的遮光簾和遮陽網。

二、用植物調節光照

在養蘭場地的周圍或西南方向種植常綠樹木或落葉樹木；按照高低及樹蔭疏密適當配置，可以調節光照。搭棚架也能起到遮陰作用，多半在養蘭的場地上搭起竹架、鋼架或木架，上面有數根橫樑，四周種植攀緣植物，既美觀大方，又經濟實惠（圖 8–1）。

三、蘭場光照時間的補充

養蘭場所有時會因陰天的影響或受高層建築物遮擋，而形成自然光照時間很短的現象。家庭養蘭可以採取燈光補充光照法。

圖 8-1　用攀援植物遮陰

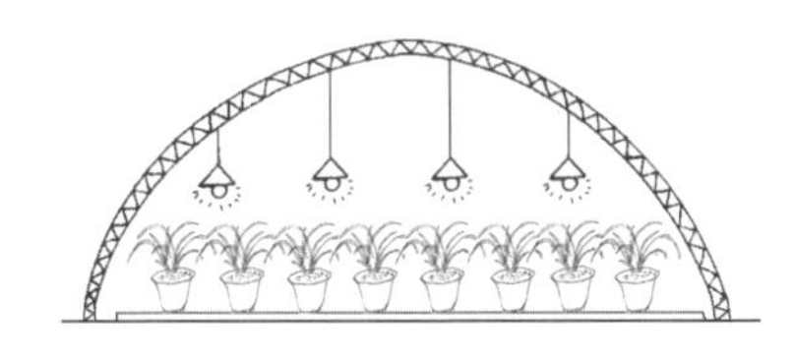

圖 8-2　蘭室補光

陽光是從紅到紫的各種連續波段光線的集合，在室內栽培蘭花，人工模擬蘭花的光照環境也應該由此出發。全波段的人造光線當然最好，但絕大多數人造光源無法達到這一要求。

蘭科植物最容易吸收紅色和藍色光線，良好平衡的紅色和藍色光線對光合作用尤其重要。

實驗證明，紅光能促進蘭花的生長，而藍光則對莖葉增粗、加速植株發育、調節氣孔開放等是不可缺少的。另外，一定強度的長波紫外線也是必不可不少的，它能幫助蘭花形成花青素和抑制枝葉的伸長。因此，室內種植蘭花的人工照明需要配備：4000～5000 Lx 的光照強度；全波段、連續光譜的照明光源；良好平衡的紅色（610～640nm）、藍色（420～450nm）光線；一定強度的長波（400～420nm 波長）紫外光線。

一般在蘭葉面上 1.5～2m 高處，懸掛一支 40W 日光燈，其兩端各加掛一支 3W 的紅色螢光燈，就可滿足 10～15m^2 蘭場的補照需要（圖 8-2）。

蘭花用燈光補照的時間一般在白天進行，白晝何時無日照，就何時開始補照。但在夜間不要補照。因為夜間補

照，就等於把短日照的蘭花變為長日照花卉，而導致不易開花。

第二節　溫度的管理

蘭花的花芽形成與溫度關係特別密切，蘭花既怕冷又畏熱，尤其怕濕冷和悶熱，夜間悶熱更要防止。為了讓蘭花花芽年年形成，冬季給予適當的低溫是很有必要的。為了讓蘭花正常生長，在栽培中除了用空調或冷熱風機調節溫室溫度外，也可以用人工的辦法輔助調溫。

一、蘭室降溫方法

各種蘭花在生長發育期間對溫度的要求基本是一致的，並且都有晝夜溫差需求。一般白天的生長適溫為 20～25℃，夜間為 17～20℃。白天氣溫如果高於 30℃便會停止生長，處於半休眠狀態。

夜間氣溫若是高於 20℃，則會因蘭株的呼吸作用強盛，消耗大量養分而使植株早衰。因此，不僅白天氣溫高了需要降溫，就是在夜間氣溫高了也同樣需要降溫。一般生產上給蘭室降溫的措施有：

1. 遮　陰

自然條件下的熱量多來自於陽光，遮陰是降溫的最主要措施。在炎熱的夏季，可在固定遮陰設施之上 50cm 處，再增設一層活動遮陽網，以此來調節光照強度，同時也就調節了氣溫。在蘭場四周種植高大喬木，擴大遮陰範圍，也是夏季降低氣溫的有效手段。

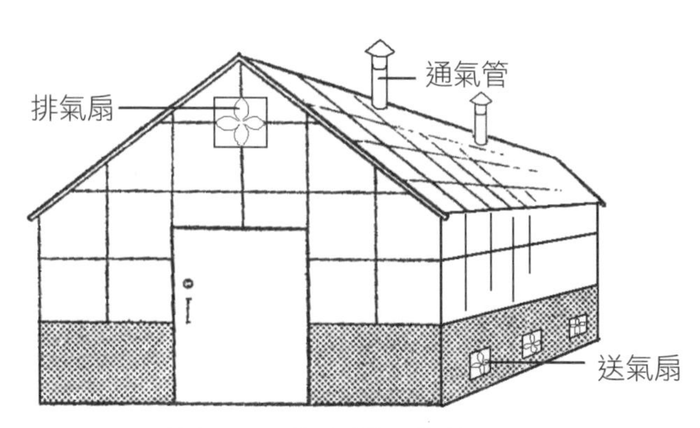

圖 8-3　蘭室通風設施

2. 通　風

我們在天熱的時候常常用風扇驅熱，所以通風可以有效降低蘭室的溫度。一般是在蘭室的牆面上方設排氣扇，蘭室下方架與架之間設送氣扇，增加室內的通風強度，使蘭場保持空氣流通而降溫。也可以在離蘭室地面 50cm 高處，設置 15cm 粗的塑膠水管，直伸棚室頂空 3m 以上。它可以有效抽掉蘭室內的熱空氣，從而增加了蘭場的通風強度而達到自然降溫。據實驗，在蘭棚室內，每 10～15m^2 設置一支通氣管，便可滿足降溫的需求（圖 8-3）。

天氣晴好，可以將設在蘭棚室塑膠棚的頂端天窗打開，雨天人工蓋上。晴天因空氣受熱膨脹上升，熱空氣便從天窗升騰出蘭室外面，既可有效地加強蘭室的通風，又可使蘭花在夜間得到露水。

3. 增　濕

用增加蘭室內的濕度來降溫。與夏季我們在外面乘涼，先在地面灑水是同一個道理，因為水氣的蒸發可以帶

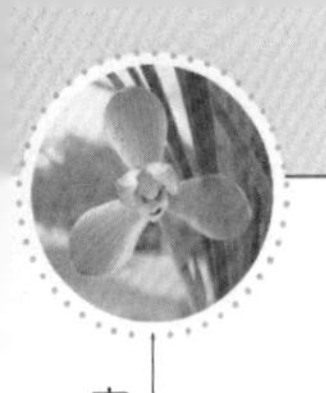

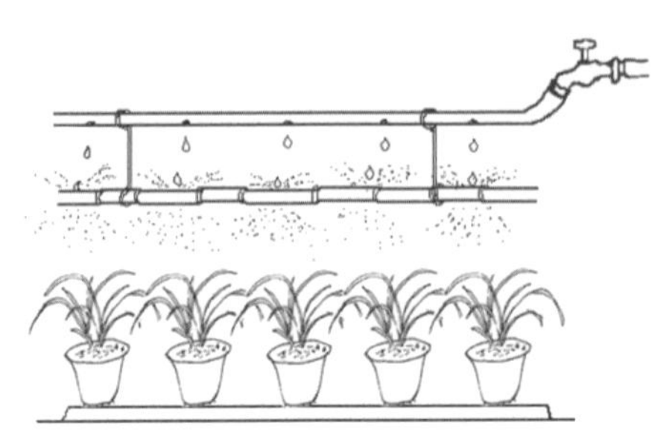

圖 8-4　簡易加濕器

走許多熱量。而且蘭花的習性是喜濕潤的，它的生長需要空氣濕度高的環境。

增濕的方法很多。可以在蘭室內設噴霧設施，在蘭架下設蓄水池，或放置水槽、水盆，通道上鋪紅磚浸濕，在蘭場四周牆上掛上蓄水的布簾、海綿；在蘭室外周挖設溝渠，設置全自動加濕器等都是增加空氣濕度的有效方法。

小型的蘭室，可自行製作簡易加濕器。方法是在蘭室的邊角處安放一個儲水桶，連接上一根直徑 1.5cm 粗的塑膠導管，在導管正下方 50cm 處吊一根竹竿或塑膠管，在導管上每隔 20cm 針刺一小孔，使之約每 5 分鐘滲滴 1 小水滴。當小水滴滴在竹竿上，便可濺起水霧，給蘭場增加空氣濕度（圖 8-4）。

有些家庭將蘭盆放在空調房間內降溫，由於空調機具有抽濕的功能，同樣要採取措施增加室內的空氣濕度。

二、蘭花防凍的方法

蘭花在低溫下受害有兩種情況，一種是凍害，當溫度下降到 0℃以下，蘭花體內發生冰凍，因而受傷甚至死亡。另一種是冷害，指 0℃以上低溫，雖無結冰現象，但能引起蘭花的生理障礙使植株受傷甚至死亡。

長期以來一直認為凍害是由於低溫和某些蘭花不抗低

溫的生理特性所決定，但新近研究結果表明：植物本身在 –10℃以上不產生冰核物質，由於細胞液具有過冷卻作用，在沒有冰核物質存在的條件下，體溫降到 –8～–7℃也不會發生凍害。

誘發植物凍害的關鍵因素是廣泛存在於植物體上的一種冰核細菌，它可在 –5～–2℃誘發植物細胞液結冰而發生凍害。冰核細菌密度越大，開始出現凍結的溫度越高，凍結持續時間越長，凍害越重。

根據這一理論，只要我們在蘭花管理過程中能提高蘭花抗性，抑制消滅冰核細菌，就能大大提高蘭花的抗凍能力。我們可以從以下幾個方面做好防凍工作：

1. 適當進行抗寒鍛鍊，提高蘭株抗性

一般自秋末開始，就要根據具體情況對蘭花進行抗寒鍛鍊，具體做法是：

（1）稍微推遲蘭花入室的時間，增強蘭花抗寒能力。

（2）秋季控制施肥。一般從 8 月份開始就要注意停施氮肥，增施磷、鉀肥。

（3）記住古訓「冬不濕」。適當扣水，使植株內含水量下降，不易結冰。

（4）增加光照，利用秋夜氣溫低、時間長的特點，使蘭株體內的澱粉水解為水溶糖以降低冰點，提高抗寒力。

2. 抑滅細菌

（1）在下霜前半月左右，用 300μ / L 的鏈黴素溶液全面噴施株葉，5～7 天 1 次，連續 2～3 次，以抑制消滅冰核細菌。

（2）在停用鏈黴素的第 7 天，用 1500 倍液醫用阿斯

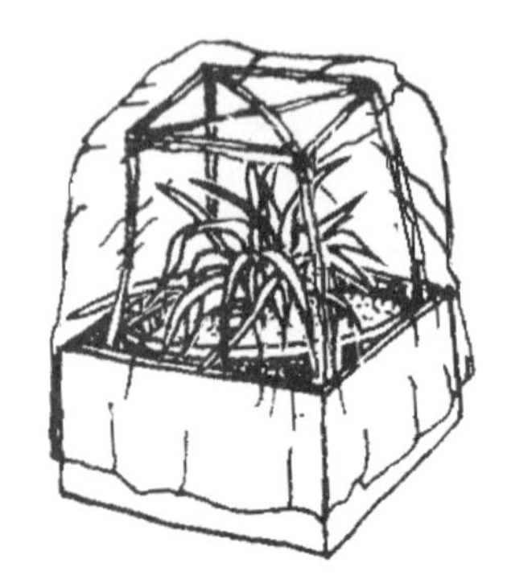
圖 8-5　保溫圍套和塑膠拱罩

匹林（乙酰水楊酸）噴施株葉，以阻止病原物的入侵、擴散，並殺死或抑制其生長，從而起到提高抗凍的作用。

3. 增設防凍設施

在冬季氣溫較低的地區，家庭養蘭可增加以下設施：

（1）蘭室的北向設置擋風牆，塑膠薄膜棚頂上加蓋草簾，如果用雙層塑膠薄膜效果會更好。

（2）將蘭盆放入地窖內，上架設小拱架，覆蓋塑膠薄膜、無紡布、麻袋等以吸潮、保溫。下方用塑膠泡沫板隔絕盆底寒氣。

（3）家庭養少量的盆蘭，可以用棉絮、羽絨或塑膠泡沫墊在廢舊紙箱內，將蘭盆放入其間，使蘭盆有了一個保溫圍套，上面罩一個自己製作小塑膠薄膜拱罩（圖 8-5）。

三、冷室防凍的應急升溫法

我國長江流域以南地區，由於冬季一般無酷寒，因而養蘭多為冷室，沒有固定的採溫設施。但有時在冬季也會出現零下的低溫，遇到這種情況，可採用以下簡易的應急升溫法。

1. 電器升溫

（1）電爐煮水升溫：每 $50m^2$ 的蘭室，用 1 台 1000W

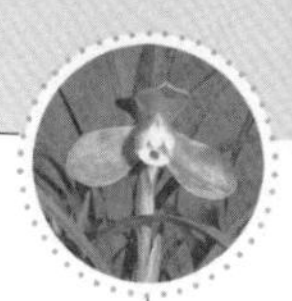

的電爐煮開水。

（2）**空調器升溫**：每 50～70m² 的蘭室安裝 1 台空調器。

（3）**遠紅外電暖器升溫**：每 12～15m² 的蘭室安裝一台 900W 的遠紅外電暖器。

（4）**電燈泡升溫**：在蘭葉面上空 1～1.2m 處，每隔 1.2～1.5m 懸掛 1 個 60～100W 電燈泡。也可以每隔 0.4m 懸掛 1 個 40W 電燈泡。

2. 蒸汽升溫

在蘭棚室外用煤爐燒高壓鍋煮水，用橡膠導管把蒸汽輸入蘭架下升溫。每 100m² 的蘭室，有一個大高壓飯鍋煮水的蒸汽輸入室內就足夠。注意煤爐不能放在室內燒，以防煤氣傷害蘭花。

3. 炭火升溫

在我國南方山區，蘭室傳統的升溫方法是在室內燒木炭火盆，為了增加空氣濕度，多在火盆上支起支架，吊一水壺燒水散發蒸汽。

第三節　氣體管理

「氣」是蘭的命根，蘭花進行呼吸和光合作用都需要良好的通氣條件。要讓蘭花年年開，不僅蘭室要求通風，蘭根生長的環境也要透氣。《嶺海蘭言》的作者區金策先生認為通風是養蘭的頭等大事。他說：「養蘭以面面通風為第一義，不得已，以刻刻留心為第二義。」在養蘭過程中，要處處事事不忘給蘭花創造通風透氣的環境條件。

具體措施有：

一、選用易於透氣的蘭盆

用於有土栽培的蘭盆，應選擇質地粗糙而無上釉，盆底和周邊多孔的陶器盆。盆底中大孔不應堵死，應蓋疏水透氣罩或設法架空，盆中能插支疏水導氣管則更佳。如蘭盆無盆腳的，應用磚塊墊高。用於無土栽培的蘭盆，雖然可用塑膠盆和瓷器盆，但以選擇底和底部周邊有孔的為上。

二、選用透氣性能良好的植料

地生蘭免不了要用有土栽培法，為了使蘭根呼吸通暢，應在腐殖土中混入不少於40%的粗植料。盆底墊層和下部植料也應粗糙些。

三、栽植和陳列勿過密

在蘭圃中培育的蘭花，栽植時要保持適當的株距。在蘭盆中栽植的蘭花要適當疏植，當新株萌發多了，要及早分盆。在蘭棚中陳列的盆蘭，最好使盆距應有10cm以上的距離。

四、棚室要注意通風

在蘭花生長季節，蘭棚室應常開門窗讓空氣對流。不僅氣溫高、空氣濕度大時和澆水肥、噴霧後要啟動排氣扇等一系列通風設施，就是冬季保溫防凍時，也應注意在晴天適當開窗換氣。

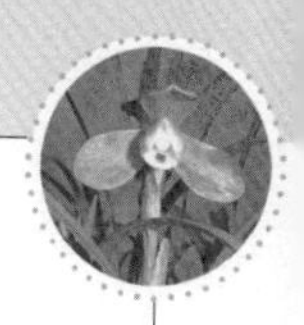

第九章
蘭花年年開的澆水技術

水是蘭花的生命活動中不可缺少的要素。給蘭花澆水是栽培管理中最繁瑣，也是最難掌握的技術。要讓蘭花年年開放，必須澆水得法。自古就有「養蘭一點通，澆水三年功」的諺語，說明給蘭花澆水需要經過長期的實踐和探索才能掌握。

當然，給蘭花澆水不一定非要花費三年的工夫才能學好，這是為了提醒大家，要特別注意澆水的重要性。細細想來，我們養蘭花所做的買苗、栽種、換盆、分株等事情，在一年之中不過數次。

但養蘭過程中的澆水，一年中卻有上百次之多。當然，如果我們能夠掌握蘭花的習性，認清蘭花所喜愛的乾濕狀態，大家都會很快掌握澆水要訣的。

我們從事蘭花水分的管理重點，主要是注意供水的水質、方法、時間、供水量，還要注意結合蘭花生長狀況和具體環境情況來控制水分。

第一節　供水的水質

關於水質的稱謂，有中性、酸性、鹼性和硬水、軟水之分，而我們養蘭實際所澆用的，則有泉水、雨水、河水、自來水、地下水之別。

初養蘭者不要認為蘭花是特別嬌貴的，對水質的要求會特別高。其實只要是適合於澆灌其他花卉草木的水，不管它在科學專門名詞中屬於何種類別，不論其水源來自何處，都是可以用於養蘭的水，不必為水質問題而傷透腦筋。

不過，栽培蘭花用水要自然而純淨，以清潔、微酸（pH 為 5.5 左右）為好，總體來說應當潔淨、溫涼。但在自然界中水源不同，它們各自的水質也各不相同。

在長期的養蘭實踐中，人們發現水質的優劣順序大體上是這樣的：

雨水（包括露水）最佳；其次為冰雪融化的水；再次是山間流動的溪水（包括泉水）；往後排列依次為沒有工業污染的自然河水；池塘、湖泊、水庫等的水；自來水；井水。但污染嚴重的城市，雨雪中也會含有有害物質。要儘量避免使用硬水和人工處理過的軟水，後者（例如用離子交換樹脂）在處理過程中把水中的鈣變為鈉，而鈉對蘭花的害處比鈣更大。

野生蘭花是靠雨水生長的，雨水中營養元素較多，因而以雨水為最佳；河水、塘水是雨水匯集而成，對蘭花有益，但受工業廢水污染的河水則不可用；在北方，利用天然水澆灌蘭花是有一定困難的，而自來水又往往用漂白粉消毒，而且呈微鹼性。

解決方法是用幾個缸注滿自來水，露天曝曬，就會使氯氣散失，漂白粉沉澱，存放多日，周轉使用。也可以放入少量水果皮（如橘子皮、蘋果皮等），存放一二天後再用，這對改變自來水的水質有實效。

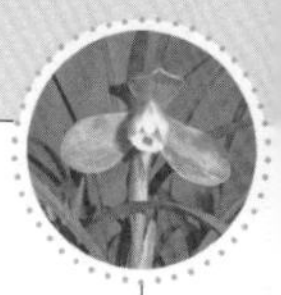

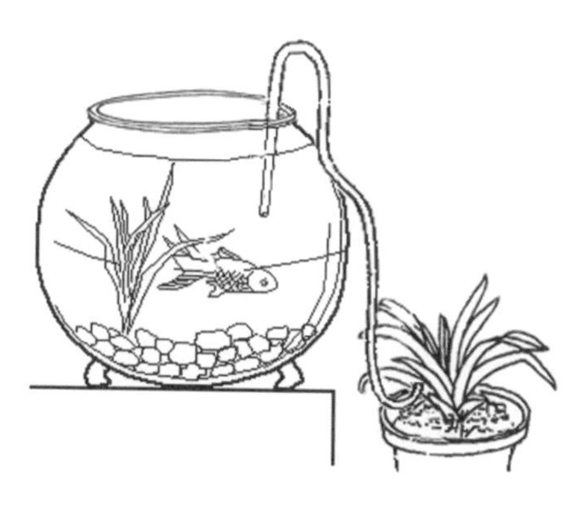

圖 9-1 用養魚水澆蘭

還有一種活化處理的方法，就是在存放的自來水中飼養金魚或觀賞魚類，種植水藻等水生植物。這樣既能改善水質又能增加水中肥分，既活潑了室內景觀，又可以用水澆灌蘭花，真是一舉多得。取用時，可用小橡皮管用虹吸法將清水吸出，用以澆蘭（圖 9-1）。

蘭花澆灌用水要稍帶酸性，北方的自來水或地下水常呈微鹼性，需要用鹽酸或檸檬酸處理；在南方個別地區水的酸性過大，可用苛性鈉（NaOH）或苛性鉀（KOH）處理，降至微酸性即可。由於在蘭花生長季節井水溫度低，驟然澆灌對蘭花生長不利；井水含鹽分也較多，經常澆灌對蘭花有害，所以最好不要用井水直接澆灌蘭花。

第二節　供水的方法

蘭花除了根部吸收水分以外，葉片也能吸收水分。所以給蘭花供水有根部供水和葉片供水兩個途徑。

一、根部供水

在一些設備先進的自控溫室中，蘭花的根部供水已經廣泛使用滴灌法，就是將滴水管插入每個蘭盆的植料中，根據植料的濕度情況，由微電腦控制向蘭盆內自動滴灌。家庭養蘭如果規模比較大，也可以將塑膠管道放在盆面上，在每個盆面上的管道處刺 1～2 個小孔，小孔下放一塊吸水墊，讓水緩緩滴注（圖 9–2）。這種方法最適合無土栽培供水。

一般家庭常用的養蘭根部供水方法，基本上類似於上盆時澆定根水的方法，即盆緣緩注法、淋澆法、浸盆法三種，養蘭時可將這三種方法混合使用。

盆緣緩注法就是用水壺沿盆邊緩緩注水，此法的優點是水不會灌到葉心，缺點是澆水速度慢，一次難以澆透，要反覆多灌幾次才能達到澆透的效果。

澆水時，要讓水緩緩地從盆沿向盆中心浸濕，一定要讓盆土徹底濕透，防止盆土鬆緊不一，乾濕不均。如果每次都沒有把水澆透，容易造成蘭根生長方向不正常，出現浮根（即根水平生長）甚者根大多向上生長，結果會造成

圖 9–2　滴灌法

蘭根吸收狀況很差，發展緩慢、長勢也弱。

淋澆法就是用噴壺或噴灌機的蓮蓬頭灑水，把整個養蘭環境都噴濕，對大面積露天養植的蘭圃最適宜。

此法的優點是讓水從土表滲到蘭根，濕潤蘭盆，水可澆透整個蘭盆。缺點是水易濺到葉心內，要小心使用，否則會爛心。噴水噴灑的水要細，量不宜過多，以濕潤為度。在蘭花生長期可適時噴灑，但要注意不讓更多的水滴存留在葉鞘內和花苞內。噴水時間宜在早晚進行，如遇氣溫特別高時，可對盆體和周圍噴水，目的在於降溫。

浸盆法就是將蘭盆的四分之三連同植料一起浸入盛有水的水池、大盆或水桶內浸泡，優點是水可浸透，缺點是容易傳播細菌，且費工費時。如果蘭花根部有毛病，絕對不能用這種方法。

泡水時掌握水面不要漫過盆沿。一開始盆體吸水較快水面下降，要耐心添水，直至水位穩住，盆表土已經濕潤，即刻取出。蘭盆取出後，一定要晾曬一陣，置於通風處，待停止水滴後，再放回正常位置。

二、葉片供水

蘭花長期生活在濕度較大的場所，形成了葉片吸收霧化水汽的生理特點。尤其是附生蘭和用氣培法培養的蘭花，更要注意葉片供水。

常用的葉片供水有噴霧和增濕兩種方法。噴霧是用噴霧器噴出細霧，直接散落在蘭葉上，讓蘭葉透過氣孔吸收進體內。增濕是增加空氣濕度，可用增濕機彌霧；在蘭架下設蓄水池或水盆來增加水分揮發；還可以人工模擬降

雨，濺起水霧，增加空氣濕度；另外亦有用增氧泵放水盆內幫助揮發水氣等等。

蘭花周圍空氣濕度正常情況應保持 75%左右。露天養植的蘭圃，如果蘭盆四周種有喬木且枝葉茂盛，地面又有低矮植被的話，夏秋兩季，蘭盆周圍的空氣濕度基本就能達到上述濕度要求。

在陽臺上養植蘭花，增加空氣濕度的方法類似用於溫室的降溫措施。常見辦法有在陽臺內砌水池、水槽，在陽臺上放置水缸、水桶、水盆等盛水的容器，懸掛布簾或鋪設海綿等蓄水物品，澆上水後增加水分揮發。

第三節　供水的時間和數量

一、供水的時間

給蘭花澆水的時間，北方地區可以參考《都門藝蘭記》，這是作者于非闇根據北京地區的特點總結出的栽蘭經驗。文中提出的澆水時間，是根據一年內 24 個節氣而分別對待的：

立春、雨水：春蘭已著花，土不宜太乾，沿盆邊微微潤濕；秋蘭盆如未乾至底，則不澆。

驚蟄：春蘭盆乾至蘭盆（上空下實）時，可以泣水，惟不宜多；秋蘭同前。

春分：春蘭已花謝，忌潮濕，盆半乾時，可以潤水。

清明、穀雨：盆土勿使過乾，每 5 日潤水一次。

立夏：蘭開始出房，宜澆透水一次。

小滿：盆土勿過乾和過濕，葉上生斑即為過濕，新芽枯尖即為過乾。每 4 日澆水 1 升使盆土自下而上 2 / 3 濕潤為宜。

芒種：北京氣燥，更宜注意勿過乾過濕。

夏至：盆土忌過乾。若遇大雨，只能忍受一日，如遇連朝陰雨，須將盆移至通風處。

小暑：此時空氣過濕，不患乾而患過濕，盆宜放於通風處；若燥熱少雨，每 2 日澆水 1 升。大雨或大濕一次，必須俟乾至盆土 2 / 3，否則不宜再澆。

大暑：盆土易一乾到底，須注意每日只宜大雨或大濕一次。

立秋：蘭於此時正需水分，每 3 日須澆水 2 升，並宜稍為避風。

處暑：每 5 日澆一次，除連朝霪雨外，可令其受雨露。

白露：秋蘭較春蘭尤須勤澆水，但大濕之後必須大乾，始可再澆。

秋分：秋蘭若已出花，澆水宜稍少；若未出花，澆水宜稍增加。

寒露：秋蘭宜澆透水，春蘭則不宜透，宜潤。

霜降：蘭宜入房，澆水時間改為日中，澆後須置日中曝曬 1～2 小時。

立冬：只宜潤水，每 5 日約半升。

小雪：花房忌暖；不宜過濕，若過潮濕，可引起爛根、瘢葉以至枯萎。若盆土不乾至底，只需稍潤土皮。

大雪：秋蘭不需水，春蘭宜微潤。

冬至：不宜灌溉。

小寒：均忌澆水。

大寒：秋蘭仍不需水，春蘭可微潤。

在一天之中何時給蘭花澆水要因季節和種類而異。在暮春和夏秋季節，氣溫較高，對於生長在室外的地生蘭，以早晨澆水為宜，因為早晨盆中植料溫度較低，此時澆水不會產生溫差；早上澆透，至傍晚轉潤，盆中空氣流通，有利於蘭根呼吸。如果在中午澆水，蘭盆內溫度尚高，驟用冷水澆灌突然降溫，會使蘭根生理上發生變化，影響根系吸水，甚至導致蘭花死亡。如傍晚澆水，夜間水分蒸發慢，易造成漬水。

在冬天和早春季節，氣溫較低，蘭花多在室內，澆水的時間不可過早，否則會使花盆植料因為水分過大而結冰，使蘭花受到凍害。在這個季節以上午氣溫回升後的10時左右或中午澆水為好。

二、供水的數量

「不乾不澆，澆則澆透」是對蘭花供水量多少的一種衡量標準。但往往澆一次水，因為水流太快，雖有水從底孔流出，仍達不到「透」的標準。為了使盆中植料濕透，可分數次澆或採用浸盆法供水，對於乾燥的顆粒植料，非浸盆不能澆透。但浸盆法不要連續使用，須間隔一定的時候。

另外冬天及早春，用水量不宜太大，以潤為好。要注意不要澆半截水。不能認為蘭花不可多澆水，因而不敢澆水，常澆半截水，使盆料長期上濕下乾，造成蘭盆中下部根因缺水乾枯（圖9–3）。

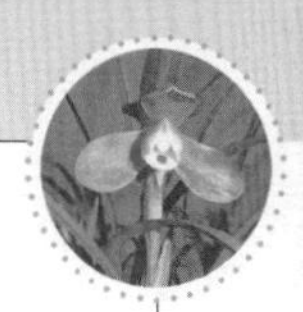

圖 9-3　澆透水示意

供水的數量以基質濕潤透為度。一般規律是：生長期多澆，休眠期少澆；高溫多澆，低溫少澆；地生蘭多澆，附生蘭少澆；晴天多澆，陰天少澆；生長好的多澆，生長不良的少澆；瓦盆多澆，瓷盆少澆；樹皮、卵石基質多澆，水苔基質少澆。

第四節　供水注意事項

一、看土看盆澆水

蘭盆中植料含水量多少，直接關係到蘭花的生長發育。植料過濕就不通氣，蘭根會缺氧而窒息；植料過燥則乾旱，蘭花會缺水而萎蔫。因此，給蘭花澆水要學會看盆土的潤燥情況。一般家庭養蘭沒有測定分析盆土水分含量的儀器，常用的簡易辦法是經驗判斷。

1. 觀長勢判斷

細心觀察蘭株和盆面附著生長的其他植物的長勢：如附著生長的其他植物已經萎蔫，蘭株葉邊緣有微捲現象，葉片顯得較軟，則盆土偏乾；如葉面無光澤，葉邊緣翻捲明顯，則表明盆土過乾，再乾就會整株萎蔫，嚴重時倒伏。如遇到這種情況時不宜猛給水，要放在陰涼少風位置，逐步給水以期緩慢恢復。

2. 看葉尖判斷

當盆內植料水分過大時，蘭花的葉片有燒尖現象或出現由淺到深的咖啡色斑點（塊），這時如翻盆看根，就能清晰地看到根尖水腫腐爛；盆中植料過乾，也同樣有燒尖現象，如翻盆看根也一樣看到根尖上萎縮乾腐，大體上是根損葉焦。

3. 聽聲音判斷

用小木棒輕輕敲擊盆體各部位，聲音清脆，說明盆土偏乾，要及時澆水；聲音沉濁，說明還有一定水分，可以緩澆。

4. 用手感判斷

將手掌心貼在盆體外表，如有水分滲濕（瓦質、沙質盆常有這種現象），手感冷涼，說明盆土有足夠水分；盆體外表顯示乾燥；無冷涼感，說明盆內水分有限。或者用雙手合捧蘭盆腰部，當向上提起蘭盆時，有輕飄飄的失重感，說明盆土偏乾，需要給水；反之則不必急於給水。

5. 用竹簽判斷

製作 4～5 支長 40cm、直徑 3mm 右的細竹簽，沿盆邊分別在各個方位輕輕插入盆土，約一個小時後拔起，就能

在竹簽上清楚地看到水分的深淺分佈情況。

此外，要根據栽培基質的保濕情況來確定澆水量。基質顆粒細、保水力強的基質水分消耗慢（如山土、木屑等），需減少澆水次數；相反，顆粒較粗的基質保水力弱，則需增加澆水次數。

澆水還要看盆缽的質地和大小。透氣性強的瓦盆要多澆，透氣性差的紫砂盆、塑膠盆要少澆，小盆易乾，大盆難乾，澆水的次數亦有區別。

二、看天氣澆水

給蘭花澆水，要結合季節、天氣、濕度、溫度、光照、風力等各種自然因素，採取不同的水分管理措施。

季節不同，溫度、濕度、光照均不同，蘭花的蒸騰水分的量也有很大差異。

氣候炎熱乾旱的夏季要多澆；梅雨季節要少澆或不澆；低溫陰冷的冬天不澆；氣溫較低的早春少澆；氣候溫和的暮春正值發芽期多澆；乾燥的秋季要多澆。不同季節澆水時還要注意水溫。冬天勿用冷水澆灌，水溫要和室溫相近，以 8～10℃為宜。夏天勿用熱水澆灌，如用水塔儲水，需防水溫過高傷及蘭株、蘭根，水溫不能超過 25℃，也不能驟用冷水澆灌，以免傷及蘭株。

在氣溫高、風力大、空氣中濕度較低時，蘭花的蒸騰作用強，就要多澆水；反之就要少澆水甚至無須澆水。

光照不同，遮光度不同，對水的管理也不同。基本做法是：受陽的多澆，背陽的少澆；晴天多澆、陰天少澆；則將下雨不必多澆、下雨（雪）天不澆。

盆栽蘭花遇到雨天是否讓其淋雨要根據生長情況和雨量大小而定。蘭花發芽季節，每逢雨天，只要養蘭場地通風好，空氣污染不嚴重就可適度讓蘭花淋淋雨，「一次雨，三次肥」，適時適度淋雨非常有利於蘭芽生長。故《嶺海蘭言》載「久旱逢雨，蘭芽怒生」。說的就是這個道理。

細雨和小雨可讓蘭花適當淋一淋。淋雨可以清洗葉片，滋潤基質。但是，如果遇到中雨、大雨、暴雨則要注意遮擋。盆蘭如任狂風暴雨侵襲，既容易受到機械損傷，又容易引起盆土積水。因此，對於沒有固定遮雨設施的養蘭場所，要準備臨時小拱架。遇到大雨和久雨不晴的天氣，以便隨時使用塑膠薄膜覆蓋，遮擋雨水，以防水漬害的發生。

三、看苗情澆水

蘭花的種類不同、生長的地方不同，它們的生長習性也不同，澆水的方式和水量也就不同。國蘭雖然都是地生蘭，澆水的方式和水量也有差別。

如：闊葉類墨蘭多數原生於氣溫較暖、雨量充沛、常年濕潤的原始山林中，在養培墨蘭時澆水就要勤。也可經常給葉面噴些水，以便增加濕度。而建蘭和寒蘭對水份和濕度的需求略少於墨蘭而多於春蘭。

蘭花在不同時期對水分的要求也不同。在生長期或孕蕾期應多澆水，休眠期應少澆或不澆，發芽期應多澆，發芽後可少澆，花芽出現時多澆，開花期少澆以延長花期，花謝後停澆數日，讓其休眠然後再澆。

澆水還要根據蘭花的生長情況。長勢強壯的多澆，長勢較差的少澆，病株不澆，需搶救的蘭花少澆或不澆，盆內植株多的多澆，植株少的少澆。

四、給蘭株澆水的幾項注意點

1. 要注意澆「還魂水」

「還魂水」又稱「過肥水」，傍晚施肥以後，蘭株通過一個晚上的吸收，能有效地吸收大部養分，此時最需水分，因而第二天早上需澆「還魂水」。這樣做最主要目的是用水降低肥料濃度，防止所施肥液濃度大而發生燒苗。「還魂水」還可以沖洗掉葉上所沾的肥液，保持蘭葉清潔，同時能洗去盆中殘肥，防止了肥害發生。特別在氣溫高時更要多澆「過肥水」。

2. 要注意澆水不要太勤

蘭花是比較耐旱的植物，略乾一點影響不大。相反，濕了可不行，積水 24 小時就會造成窒息，日常栽培中，絕大多數人是愛蘭太甚，澆水太勤，造成根部腐爛，以致植株死亡。

3. 要注意不任意噴水

「噴水」除補充水分外，還可使蘭葉保持清新。但也不能隨意噴水：強烈日光照射時不能噴；高溫天氣不能噴；雨天濕度太大時不能噴；無風難乾時少噴；有雜質的水不能噴。

《嶺海蘭言》中提出關於水分管理中六宜免，四宜加，五宜減的澆水方法，值得廣大養蘭愛好者注意：

六宜免：天雨則免，天陰則免，天雪則免，將換泥則

免，將灌茶麩、煙骨則免（即將施農藥時），將換盆則免。

四宜加：暑氣太酷則加，北風過緊則加，近陽多處則加，盆小蘭盛則加。

五宜減：天時頻雨則減，盆泥融化則減，近陰多處則減，盆大蘭小則減，蘭頭黑、葉起點則減。

第十章
蘭花年年開的施肥技術

蘭花本來生長在山林中，從自然界汲取養料。每年林木的落葉以及林間的雜草腐爛以後，逐漸形成了供蘭花生長的腐殖土，其間有充足的養料供給蘭花生長。

蘭花上盆入室後，則要靠人工來補給養料了。特別是硬質植料更需要及時施肥。當然，施肥也不是越多越好，蘭花「喜肥而畏濁」，施重肥反而會造成肥害，使莖葉徒長，花芽難以形成，也就不能年年開花。

施肥要根據蘭花的生長情況合理搭配，促進葉芽生長以氮肥為主；促進根系發達、花芽發育以磷肥為主；保持植株健壯，增加抗病能力以鉀肥為主。其他如鈣、鎂、硫、鐵等元素也要適時補充。

第一節 蘭花施肥的基本方法

給蘭花施肥主要有基肥和追肥兩種方法。栽培中要以基肥為主，追肥為輔。

基肥是在蘭花栽植之前就施入到土壤或植料中的肥料，又叫底肥。一般盆栽蘭花的基肥都是直接拌於植料中。基肥施得足，可以為蘭花生長發育不斷地提供養分。所以用作基肥的肥料以有機肥和緩釋肥為宜，如餅肥、人畜肥、磷礦粉等。

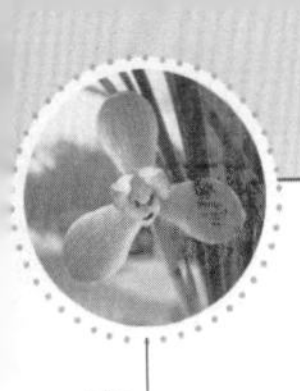

具體施用還應根據蘭花種類、土壤條件、植料性質、基肥用量和肥料性質，採用不同的施用方法。

追肥是指在蘭花生長過程中，根據蘭花各生育階段對養分需求的特點所追施的肥料。通常情況下，以速效性的無機肥為主，追肥的方法有根施、葉施和補充氣體肥料三種。

一、根施法

根施法是將肥料施入植料中，讓根系吸收。根系施肥要注意如下幾點：

（1）新上盆的蘭株不要急著施追肥，特別是有土栽培的盆蘭，植料中本身有養分，如施過基肥的則養分更加富足。可待長出 3cm 長以上的新根後再根據情況施肥。因為新根長出後，才能說明蘭株基本適應了新的生長環境，也就是養蘭人說的「服盆」了。這時候的蘭根吸收養分的生理功能已經恢復正常，根系在上盆時造成的創傷也基本癒合，不至於被肥液漬傷而腐爛。無土栽培的，基質保水性能低下，也沒有基肥在內，新根一旦長出，即可施薄肥。

（2）施用的液體肥料濃度不能太大，否則會使蘭花的根部細胞液體向外滲透，出現「燒根」現象。施肥要力求「少、淡、勤」，也就是常說的「薄肥勤施」。

（3）施液體肥料時要環繞盆沿澆灌，避免濺到葉面和灌入葉心。施顆粒狀固體肥料時要將肥料埋入植料中，並注意在蘭株周圍分佈均勻。

（4）氣溫低於 10℃、高於 30℃的天氣，濕度飽和的陰雨天也不要澆肥。

（5）施肥的時間以傍晚為好。第二天早上要澆一次

「還魂水」以避免肥害。

二、葉施法

葉面施肥又稱根外追肥或葉面噴肥，這種施肥是利用蘭花葉片也能吸收養分的原理而採用的方法。它的突出特點是針對性強，養分吸收運轉快，提高養分利用率，且施肥量少，適合於微肥的施用，效果顯著。

尤其是在蘭盆中植料水分過多、土壤過酸或過鹼等因素造成根系吸收養分受阻的情況下，或蘭花急需補充營養元素時，採用葉面追肥可以彌補根系吸肥不足的缺陷，取得較好的效果。

(一)葉面肥的種類

葉面肥的種類繁多，五花八門，根據其作用和功能可把葉面肥概括為以下四大類。

1. 營養型葉面肥

此類葉面肥中氮、磷、鉀及微量元素等養分含量較高，主要功能是為蘭花提供各種營養元素，改善蘭花的營養狀況。

2. 調節型葉面肥

此類葉面肥中含有調節植物生長的物質，如生長素、激素類等成分，主要功能是調控蘭花的生長發育，促進開花。

3. 生物型葉面肥

此類肥料中含微生物體及代謝物（如氨基酸、核苷酸、核酸類物質）主要功能是刺激蘭花生長，促進代謝，減輕和防止病蟲害的發生等。

4. 複合型葉面肥

此類葉面肥種類繁多，形式多樣，功能多，一種葉面肥既可提供營養，又可刺激生長調控發育。

(二)蘭花常用的葉面肥

（1）美國產「花寶」1～5 號。

1 號：N、P、K 比例為 6：7：9，主要作用是促根莖強壯，使用時稀釋 1000 倍液噴施。

2 號：N、P、K 比例為 20：20：20，常年可用，使用時稀釋 2000 倍液噴施。

3 號：N、P、K 比例為 10：30：20，主要作用是促花蕾形成，使用時稀釋 2000 倍液噴施。

4 號：N、P、K 比例為 25：5：20，主要作用是壯蘭頭，使用時稀釋 1000 倍液噴施。

5 號：N、P、K 比例為 30：10：10，主要作用是壯幼苗，使用時稀釋 1000 倍液噴施。

（2）日本產「植全綜合礦質健生素」。它具有促根、催芽、提高活力、預防病毒感染等作用。使用時稀釋 3000～5000 倍液噴施。

（3）美國產「高樂」。使用時稀釋成 1000～1500 倍液噴施。

（4）福建產「高產買」。使用時稀釋 400～500 倍液噴施。

（5）挪威產「愛施牌」高氮型、高鉀型葉面肥。使用時稀釋 500～1000 倍液噴施

（6）日本產「愛多收」。使用時稀釋 6000 倍液噴施。

（7）廣西產「噴施寶」。使用時稀釋 10000 倍液噴施。

(三)適用於溫室養蘭的葉面肥

（1）美國產「速滋液肥」。能調整基質的酸鹼度，使球莖碩大，葉片厚實，線藝明顯。使用時稀釋成 1000 倍液噴施。

（2）挪威產「愛施牌」高氮型、高鉀型葉面肥。使用時稀釋 500～1000 倍液噴施。

（3）美國產「花多多」。使用時稀釋 1000～1500 倍液噴施。

(四)適用於線藝蘭的高檔葉面肥

（1）日本產「植全綜合礦質健生素」。使用時稀釋 5000 倍液噴澆。

（2）美國產「速滋」。使用時稀釋 1000 倍液噴施。

（3）澳洲產「喜碩」。使用時稀釋 6000 倍液噴澆。

給線藝蘭合理噴肥，會使線藝蘭株粗、葉闊而厚，線藝也更粗、更明亮。但不要單獨施用鎂元素，也要少用含有鎂元素的肥料，否則會使線藝逐漸退化。最好也不要偏施氮肥，而且要注意補充鉀肥，噴施磷酸二氫鉀、硫酸鉀等。

(五)蘭花葉面施肥的技術環節

葉面施肥不能完全代替土壤根施，只能是對根部吸收不足的彌補。要真正發揮葉面施肥的作用，應把握好如下幾個技術環節：

1. 濃度要適當

葉面施肥的濃度控制比根施更嚴格，因為根部澆施液

肥如果濃度稍大，還有土壤溶液可以緩衝；而葉面噴施的液肥直接就接觸蘭花葉面，濃度大了就會產生「燒苗」肥害。使用濃度要按使用說明，勿隨意提高濃度，以防適得其反。像「三十烷醇」、「愛多收」等，加大濃度反而會抑制蘭株的生長。一般葉面追肥的濃度要控制在0.2%以下。

2. 要有針對性

要針對蘭株在各個生長時期所需要的養分而選用相應的肥料，或者是依蘭株的長勢所表現出缺某種元素的指徵而針對補給。如新芽生長期需以氮肥為主，同時配以鉀肥；新苗成熟時要增補鉀肥，確保植株茁壯成長；孕花期需補磷肥等。

3. 混用要科學

肥料混合並交替使用，會使肥效發揮充分，營養更全面。一般商品葉面肥，在各類肥料的安排上已經作了合理配比，不需要再混合；但不要老用一種品牌，應與其他品牌的肥料交替使用，這樣可以避免因偏施某一品牌的肥料而造成蘭株養分供給不足。

葉面施肥如果用的是單一元素的化學肥料，最好是根據肥料特性混合施用。但混用要合理，不能不問肥料特性，任意混合。例如，尿素可以和磷酸二氫鉀混合，但不能與草木灰混合。一般需掌握酸鹼不混合，生物菌肥不和其他肥混合。

4. 時間要合理

噴施時間一般在晴天的上午10時前或下午4～5時，太陽光照射不到葉面時，噴施後能在一小時內乾爽為好。

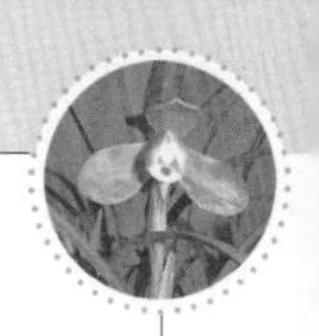

這樣施用既易吸收，又可避免光照造成肥效降低或藥害。

間隔時間以 10 天左右一次為宜，以防發生營養過多症。如果再擴大稀釋 1 倍，每隔 3～4 天噴施 1 次更合適。陰雨天、氣溫高於 30C°以上的高溫天不宜噴施。

在低溫休眠期，蘭株一般不吸收肥料。但為了提高抗寒能力，也可以半月或 1 個月噴施 1 次能提高抗寒能力的磷酸二氫鉀 1000 倍液。

5. 施法要講究

葉面施肥，主要是由葉片氣孔滲入葉內的，葉片的氣孔主要分佈在葉背，所以，噴施應注意將肥料噴向葉背。除了要求把噴槍伸入葉叢內、噴嘴朝上噴施外，要求霧點細、壓力要足。施量不宜過多，以葉片不滴水為度。施肥後的第二天早上需噴一次水，洗去蘭葉上殘留的肥料，以免肥料殘渣淤積於葉尖，太陽光照射後引起肥害。

三、人工補施氣體肥料

用於蘭花的氣體肥料主要是二氧化碳（CO_2），它是植物進行光合作用的重要原料。在一定的濃度範圍內，CO_2 的濃度越大，光合作用的效率越高。在自然界裏，大氣中 CO_2 的濃度雖然很低，但由於空氣不斷流動，CO_2 可以源源得到補充。

但溫室和簡易棚室在冬季密閉保溫時，空氣幾乎無法流通，光合作用開始後，室內的 CO_2 很快就會降到限制光合作用充分進行的低濃度。如果光合作用的原料不足，時間長了，植株就會出現生長不良，甚至葉片枯黃而死亡。因此，CO_2 就成為在溫室或塑膠大棚內補充施用的一種氣

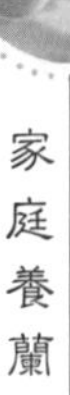

體肥料。

人工補施氣體肥料主要是向密閉的溫室或塑膠棚裏補充 CO_2 氣體，主要的方法有：

（1）取一個非金屬容器，盛 100～120g 水，倒入 30～40g 濃度為 98%的工業硫酸，攪拌均勻，然後加入 50～70g 碳酸氫銨。混合液的化學反應即可產生所需的二氧化碳氣體。反應後的液體可留作液肥稀釋用。其化學反應式如下：

$$2NH_4HCO_3 + H_2SO_4 = (NH_4)SO_4 + 2CO_2\uparrow + 2H_2O$$

（2）取一個非金屬容器，盛 120～150g 水，緩緩倒入 20～30g 濃鹽酸，攪拌均勻後，再倒入 40～60g 生石灰粉，經反應也可產生所需的二氧化碳氣體。

（3）購買一台「二氧化碳發生器」，定期向溫室或塑膠大棚內補充 CO_2 氣體（圖 10–1）。

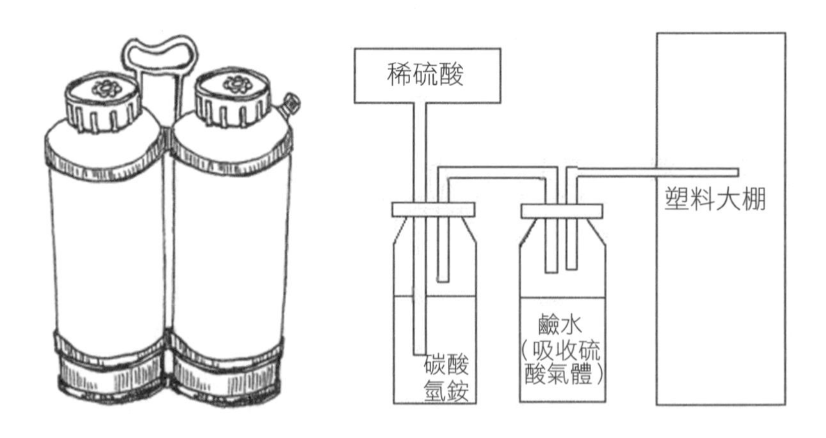

圖 10–1　二氧化碳發生器

第二節 蘭花施肥的注意事項

給蘭花施肥要根據蘭花的種類、苗情、生長時期、栽培植料、天氣狀況、肥料種類等不同情況，採取不同的方法。

一、看苗施肥

蘭花種類不同，需肥量不同，如蕙蘭需肥量大，而春蘭需肥量小，只要蕙蘭的五分之一就行。蘭花苗情不同需肥情況也不同，壯苗大苗要勤施多施，而老弱病幼苗應素養，絕對不可施肥。在蘭花生長早期要求氮肥多一點，生長中期要求鉀肥多一點，而生長後期要求磷肥多一點。

蘭花根系短粗說明肥量過多，根系發黑說明已有肥害，根系瘦長說明肥料不足，根系多而細說明肥料嚴重不足。蘭葉質薄色淡說明缺肥，蘭葉質厚色綠說明不缺肥。施肥後葉色濃綠，說明肥已奏效；如葉色不變，說明肥料太淡，要增加濃度。

蘭花不同生長期對肥料的需求也不同，綜合起來，在各個不同的生長期施肥可分為以下幾類：

1. 催蘇肥

催蘇肥主要作用是打破休眠，促進早發芽，以贏得更長的生長期。當早春白天氣溫達 15℃以上，夜間不低於5℃便可施用。有土栽培，可澆施 0.2%硫酸鉀複合肥液，並酌加腐熟人尿等氮肥 1 次。無土栽培的，應酌加氮素比例，也可澆施挪威產的愛施牌高氮型葉面肥 1000 倍液 1

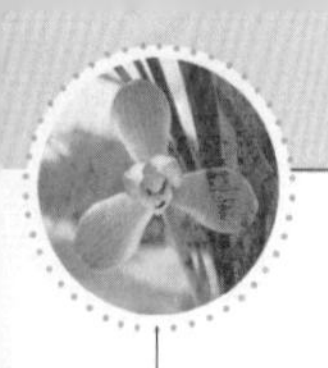

次。隔 7 天可續澆 1 次。葉面噴施「施達」500 倍液，或美國產花寶 4 號 1000～1500 倍液，或間噴「三十烷醇」1500～2000 倍液。每隔 3～5 天 1 次，連續噴 2～3 次。

2. 催芽肥

催芽肥是為促進早發芽、多發芽，並為贏得早秋有效芽而施用的。施催蘇肥後的 7～10 天便可施用，以氮肥根施為主。既可單獨施用，也可與催蘇肥交替施用。每隔 7 天左右施 500 倍液四川產華奕牌「蘭菌王」，連續噴 2～3 次。也可加入「三十烷醇」2000 倍液、福建產「高產靈」或美國產「高樂」1000 倍液澆施。續澆 2～3 次。葉面噴施美國產「花寶 4 號」1500 倍液，或間噴德國產「植物動力 2003」1000 倍液，或尿素 1000 倍液。每 4～7 天噴 1 次，續噴 2～3 次。

3. 催花芽肥

當葉芽伸出盆面 3～5cm 長時，便有一個暫停伸長期（20 天左右）。此時，新芽逐漸長根，爭取自供自給；其母株停止對新芽的給養，進入生殖生長；花原基開始發育，分化花芽。此時，不論是長根還是分化花芽，都需有較多的磷、鉀、硼元素的營養。可選用肥效迅速的美國產「花寶 3 號」1000～1500 倍液澆根。每 5 天 1 次，續澆 2 次。葉面噴施 1000 倍液磷酸二氫鉀、硼砂。每 3 天 1 次，連續噴 3 次。

4. 促根肥

當葉芽伸出盆面 3cm 左右時，便有一個暫停生長期，此時逐漸長出新根，需要施入較多的氮、磷、鉀元素，以促進新根快速生長。所以此時所施用的肥料稱為「促根

肥」。一般選用「蘭菌王」500 倍液與「三十烷醇」2000 倍液混合澆施，每週一次，連續澆 2～3 次。或選用「植物動力 2003」1000～1200 倍液噴施 1 次。

對於新上盆的蘭苗，根系創口尚未結痂，不宜根施有機肥料，否則易漬爛創口導致新的爛根，故多採用施葉面肥的辦法。一般用美國產「促根生」2000 倍液噴施。3～5 天 1 次，續噴 3 次以上。

5. 助長肥

助長肥是為滿足蘭株新芽快發育、快成長、快成熟，並能在夏末秋初第二次萌芽，為贏得第二茬芽早發早成熟的需要而施用的，是一年中施用肥料時間最長、次數最多的一種。一般在葉芽的根已長至 2cm 長以後，每半月根施 1 次，每週噴施 1 次。助長肥應力求肥料三要素相對平衡，以有機肥、無機肥、生物菌肥交替使用，根施、葉面施交替進行為好。

有土栽培的，最好是有機肥與無機肥料混合施用，或交替施用。無土栽培的，最好也間施商品有機液肥或生物菌肥。施肥時一定要掌握「寧淡勿濃」和間隔時間不過密的施肥原則。

葉藝蘭最好勿施高氮肥、鎂、錳元素，並應適當補充鉀肥，以抑制鎂元素的利用，便可有利於線藝的進化。

6. 助花肥

助花肥是為促進花芽發育生長，達到莛花朵數多、花大、色豔、味香的目的而施用的。大約在花期前 30 天或花芽剛萌出時追施。此時施用一般的肥料吸收慢，會影響效果。可選用磷酸二氫鉀 1000 倍液，或臺灣產「益多液體

肥」1500～2000倍液，或「喜碩」6000倍液；交替施用，每5天1次，連續施2～3次。根外噴施「花寶」3號1500倍液，或磷酸二氫鉀1000倍液，每3天噴1次，連續噴2～3次。

7. 坐月肥

蘭株開花猶如婦女分娩，營養消耗較多，花謝之後應及時給予營養補充。但在開花期不能施肥，一定要等到花謝之後才能施肥。方法是澆施0.15%硫酸鉀複合肥與腐熟有機液200倍液1次。葉面噴施「植物健生素」1000倍液或複合微量元素等葉面肥，每3～5天1次，連續噴2～3次。

8. 抗寒肥

在冬寒來臨前一個月，要絕對停施氮肥，只施磷肥和鉀肥。因為磷素能使株體細胞的冰點降低，鉀素能使株體的纖維素增加，促使莖葉皮層堅韌，以利於越冬。可根澆磷酸二氫鉀1000倍液，每7天1次，連續澆3～4次；葉面噴施「花寶3號」1500倍液，5天1次，連續噴施3～4次。

9. 陪嫁肥

陪嫁肥是指在換盆分株前的10～15天，施1次三要素相對平衡的肥料，以利於換盆分株上盆後服盆和提高分株後的成活率。一般選用0.2%硫酸鉀複合肥溶液澆施1次；葉面噴施花寶2號1500倍液1次。1週後，噴施磷酸二氫鉀1000倍液1次。

二、看植料施肥

栽培基質不同需要的肥料也不同，如無機植料因本身

不含肥分需要多施肥；而用有機植料因本身具有肥分無需多施肥，則需肥量較小。

目前家庭養蘭採用顆粒植料已成為相當普遍。顆粒植料疏水通氣，有利於蘭根的生長，但像「塘基石」、「植金石」、「磚粒」等顆粒植料，基本上不含養份，在種植過程中需經常施用肥料才能保證蘭苗健康生長。

植料的含水量與施肥也有密切關係。一般基質乾燥時，不要立即澆施肥料。因為基質乾燥，蘭根也乾燥。肉質蘭根乾燥時，吸水肥也快，這時澆施肥料，會因植料吸水而使肥液濃度加大，容易對蘭根產生肥害。尤其是氣溫高（近 30℃）的時候，更易產生肥害。為了避免因澆肥火候不當而引起的肥害，有土栽培的，應先澆水潤濕乾燥的植料，第二天再施肥；無土栽培的，也應先澆水，待 3 小時後，澆施肥料就比較安全。

栽培基質含水量大時，也不宜澆施肥料。因為基質含水多，空氣含量就少，蘭根呼吸不暢；基質中的好氣微生物的活動也受阻，分解有機質的能力因此而下降。而蘭根吸收肥料主要是以離子交換吸附的形式進行的（圖 10–2），當蘭根呼吸作用弱時，蘭根周圍用於交換肥料離

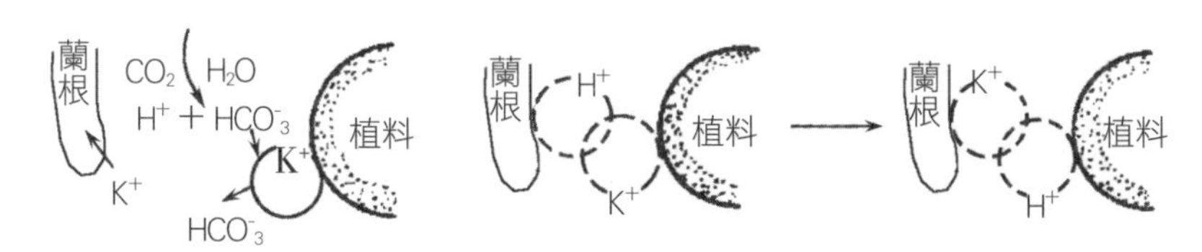

1. 根部由植料溶液與植料進行離子交換

2. 根與植料顆粒接觸交換

圖 10–2　蘭根離子交換吸附肥料示意

子的等價離子就少，同時微生物分解有機質產生的無機物也在減少。所以，植料水分大時不宜施肥，應當等到栽培基質潤而不燥時，才是最佳施肥時機。

三、看肥施肥

肥料三要素（N、P、K）要科學搭配，如單施氮肥而缺少磷、鉀，會造成蘭株徒長，葉質柔軟，易感染病蟲害；而偏施磷、鉀肥而缺少氮肥，又會造成蘭株生長矮小，葉色黃綠硬直，缺少光澤，新芽少，植株容易老化，因此要處理好三要素的關係，不能偏施哪一種肥料。

要多種肥料交替使用，使用單一肥料難以保證肥分的完全性。一般說來，以有機肥、無機肥、生物菌肥交替使用為佳。施用時還要注意肥料的濃度。

(一)有機肥的濃度

1. 漚製液肥

以150～200倍液為宜，即1kg漚製肥原液兌水150～200kg。

2. 商品有機液肥

這類肥料往往添加有激素類物質，如施用濃度高，反會抑制蘭花生長。因此，稀釋濃度必須按照說明使用。一般最高不可少於600倍液；低的可有6000～10000倍液；中高濃度為1000～2000倍液。

3. 生物菌肥

這類肥料雖然不易產生肥害，但濃度過大不利於吸收，濃度太低效果又不明顯，應該按說明使用。一般在500～1000倍液。

(二)化肥的施用濃度

無機化肥肥效迅速、刺激性大，易產生肥害，也易改變基質的酸鹼度和使土壤板結，使用濃度宜低而不宜高。一般以 0.1%～0.2%的濃度為宜。

四、看天施肥

施肥應選擇晴天溫度適宜時進行。當氣溫在 16～25℃，又有自然光照時，最適合於施肥。蘭花在這時生理活動旺盛，光合作用強，吸收快，利用率高、效果佳。

低溫天不宜施肥。因為氣溫低於 15℃時，蘭株處於半休眠狀態，蘭根基本上不吸收肥料。這時如施肥會增大基質中的肥料濃度，易產生肥害。另一方面，低溫時水分蒸發慢，基質長期含水量過大也不利於蘭根的呼吸而易導致水漬害。如是久未澆肥，可以在葉面噴施肥料。

氣溫高於 30℃的大熱天不宜澆肥。因為在高溫天氣，水分蒸發的速度遠遠大於根系吸收肥料和水分的速度，會使基質中殘留的肥料濃度增加。不僅有害於蘭花的生長，而且增加了下一個施肥週期基質中的肥料濃度，極易產生肥害。在這樣的天氣改為低濃度根外噴施為妥。

陰雨天也不宜澆肥。陰雨天空氣濕度大，水分難以蒸發。澆肥水後，一方面增大了基質的含水量，易漬爛蘭根；另一方面，陰雨天溫度較低，根部不易吸收肥料，就增大了基質的肥料濃度，有導致肥害產生的可能。

蘭花在冬季休眠期不宜施肥。因為冬季溫度低，土壤中的微生物活性弱，不能有效分解有機物，蘭花的根在休眠期基本不吸收肥料，如果照樣施肥，基質裏的肥料濃度

會越來越高，就會產生肥害。

如果施了含促長激素的肥料，還會干擾其休眠，使之早發芽。導致新芽產生凍害。休眠期的蘭花如果在溫室內，可以根據苗情，每月適當噴施一次葉面肥，不宜根施肥料。

第十一章
蘭花的病蟲害防治技術

導致蘭花發生病蟲害的因素有多種。從蘭花自身的因素上看：蘭花的肉質根不耐水濕，蘭株的葉鞘層疊易淤積水肥、夾帶病蟲，株葉交錯遮掩不利於通風透光。

從環境因素上看：水、肥、溫、光、氣條件沒有滿足蘭花生長發育的要求，栽培設施管理不當，消毒不嚴密，光照、溫度、通氣調節不當，水肥施用不合理，空氣污染，昆蟲侵害等，都會招致病蟲害的發生。

第一節　蘭花的病害

在蘭花生長發育過程中受到不良環境因素的影響或有害病原菌的侵染，使其在生理和形態上發生了一系列的變化，導致蘭花的經濟價值受到影響。這種變化即稱為病害。蘭花病害按病原的性質，可分為生理性病害和侵染性病害兩大類。

一、生理性病害

生理病害是由不良自然環境條件所引起，由於它不是寄生物侵染的結果，所以又稱非侵染性病害。其發生的原因主要是：溫度、濕度不適、營養不良，有毒物質的污

染，肥害、藥害等。生理病害不產生病症，也不互相傳染。一般病因消失，病害就不再發展。

下面讓我們來識別一些常見的生理性病害，同時學習關於這些病害的防治方法。

(一)營養元素缺乏症

1. 缺　氮

氮素是肥料三要素中蘭花需求量最多的營養元素。蘭株缺氮的症狀：新株葉比老株葉短狹而質薄，分蘖少而遲，葉色淡黃少光澤，起初顏色變淺，然後發黃脫落，但一般不出現壞死現象。缺綠症狀總是從老葉上開始，再向新葉上發展。防治方法是：

（1）生長期用肥注意 N、P、K 三要素相對平衡。萌芽前期和展葉期略增氮素的比例。

（2）出現缺氮症狀時抓緊澆施氮肥。在使用的肥料中加入高氮有機肥，或加入碳銨等化肥；也可澆施「愛施牌」高氮型葉面肥 500～1000 倍液或施用美國產「高樂」1000 倍液。

（3）葉面可噴施「花寶」5 號或按磷酸二氫鉀 1 份，尿素 2 份的比例混合，稀釋成 800～1000 倍液噴施。

2. 缺　磷

蘭株缺磷的症狀為發芽遲，芽伸長慢，發根更慢。葉片呈暗綠色，葉緣常微反捲，莖和葉脈有時變成紫色。植株矮小，花芽分化少，開花遲。嚴重缺磷時蘭花各部位還會出現壞死區。缺磷症狀首先表現在老葉上。

防治方法是：

（1）植料混配時注意 N、P、K 三要素的相對平衡；

平時施肥不要偏施某一元素的化肥。

（2）蘭苗上盆時，用過磷酸鈣和餅肥做基肥，把蘭根在基肥上浸蘸一下再入盆。

（3）出現缺磷症狀時澆施2%～3%的過磷酸鈣浸出液，或磷酸二氫鉀800倍液。7～10天1次，連續噴施2次。最好適量撒施骨粉以鞏固。

（4）葉面噴施「花寶3號」1000倍液，或磷酸二氫鉀800倍液。3～5天1次，連續噴施3次。

3. 缺　鉀

缺鉀素的症狀為葉緣、葉尖發黃，並轉為褐色，出現斑駁的缺綠區；葉主側脈偏細；葉質柔軟，易彎垂；嚴重時葉片捲曲，最後發黑枯焦；缺鉀首先表現在老葉上，逐漸向幼嫩葉擴展。

防治方法為：

（1）平時施肥注意N、P、K三要素相對平衡，勿多次偏施某一元素。

（2）根澆0.5%～1%的硫酸鉀溶液，或盆面撒施蘆葦草炭。

（3）葉面噴施「愛施牌」高鉀型葉面肥500～1000倍液或磷酸鉀800倍液。

4. 缺　鎂

蘭株缺鎂的症狀為葉脈間缺綠，有時出現紅、橙等鮮豔的色澤，老株葉發黃；中年株葉的葉尖和葉緣呈黃色，且向葉面捲曲（俗稱銅鑼緣），嚴重時出現小面積壞死；新株葉色欠綠。

防治方法為：葉面噴施0.1%～0.2%硫酸鎂溶液，3～5

天 1 次，連續噴施 2～3 次。但對線藝蘭只能用 0.1%的濃度，也只噴 1 次。以防止增鎂偏多導致葉綠素大量增多而掩蓋線藝性狀。

5. 缺　錳

蘭株缺錳的症狀為葉片出現日灼樣斑紋，常常斑中有斑；葉脈之間的葉肉組織缺綠，嚴重的發生焦灼現象。老株葉易早枯落。

一般中性壤土、石灰性壤土和沙質土較易出現缺錳症狀。防治方法是在葉面施肥時加入 0.3%的硫酸錳溶液，或單獨噴施 2～3 次。

6. 缺　鈣

蘭株缺鈣的症狀為葉尖呈鉤形。有的向葉面鉤捲；也有的向葉背鉤捲（品種固有特徵除外）。花缺鈣的症狀首先表現在新葉上，典型症狀時幼葉的葉尖和葉緣壞死，然後是芽的壞死，根尖也會停止生長、變色，生長點死亡。此症發生的原因是土壤酸性較大，引起鈣元素固定，造成蘭株吸收困難；長期只施酸性肥料也會出現這種情況。

防治方法為：澆施 1 次 1%的石灰溶液，或撒施骨粉。

7. 缺　鋅

蘭株缺鋅的症狀為葉片嚴重畸形，老葉缺綠，底部葉片中段呈現鐵銹樣斑，並逐漸向葉基和葉尖擴展；新株的葉柄環明顯比老株的葉柄環低；葉片較正常葉要小。

防治方法是：用 0.1%的硫酸鋅溶液噴施葉片。3～5 天 1 次，連續噴施 2 次。

8. 缺　鐵

蘭株缺鐵的症狀是缺綠，缺鐵首先表現為幼葉的葉肉

變黃甚至變白。但中部葉脈仍能保持綠色，一般沒有生長受抑制或壞死現象。鹼性土壤或石灰性鈣質土，以及土壤透氣不良都容易產生鐵元素固定，使蘭花難以吸收鐵元素。防治方法為：

（1）注意疏鬆土壤，增加植料透氣度以利於好氣微生物活動。

（2）在栽培植料中加入適量的鐵片或鐵屑。

（3）用 0.5%硫酸亞鐵溶液噴施葉片。3～5 天 1 次，連續噴施 2 次。

9. 缺　銅

蘭株缺銅的症狀為葉尖失綠，逐漸轉現灰白色，並向全葉擴展。生長停滯。

防治方法是：用 0.1%硫酸銅溶液噴施葉片，7 天 1 次，連續噴施 2 次。或結合預防真菌病害，噴施 1 次銅製劑殺菌劑，如「銅高尚」、「可殺得」。

10. 缺　硼

蘭株缺硼的症狀為葉片變厚和葉色變深，幼葉基部受傷，葉柄環處極脆易斷。莛花朵數明顯減少，花蕾綻放慢，花期明顯縮短。常未凋謝就掉落，根系不發達。

防治方法為：用 0.3%的硼砂或硼酸溶液噴施葉片，每 7 天 1 次，連續噴施 2～3 次。

11. 缺　鉬

蘭株缺鉬的症狀為新株明顯矮化；老葉失綠，以致枯黃、萎蔫甚至壞死。

防治方法為：用 0.1%的鉬酸銨溶液噴施於葉面，3 天 1 次，連續噴施 3 次。

(二)生理性爛芽病

主要症狀是：在沒有病原物侵染的情況下，蘭株上原來飽滿的新芽，逐漸枯萎變色，最後腐爛。原因是水肥藥液漬害和外力傷害。其防治對策主要是兩個方面：

1. 防止水、肥、藥液漬害

防治的主要方法有：

（1）在蘭場設置擋雨設施，以防雨水積聚，造成蘭根周圍漬水。

2 合理施肥、打藥，避免水肥藥液澆至芽株心部，同時注意濃度配比適當。

3 每澆施水、肥、藥後，要打開門窗，加強通風，讓蘭株上的水分儘快散失。

2. 防止外力的傷害

在採集、分株換盆、運輸裝卸、種植、剪除花莛、剔除敗葉、鑒別品種等操作過程中，小心操作，防止蘭芽受到傷害。

(三)蘭株基部腐爛病

主要症狀是：在沒有病原物侵染的情況下，蘭株基部腐爛，蘭葉逐漸枯死。原因是澆水過多，植料排水不暢，形成水肥藥液漬害。除了採取與防治生理性爛芽同樣的措施之外，還要將病株及時連根剔除、銷毀，以防病情擴散。再用 1000～2000 倍液氯黴素淋施鄰近盆蘭，全面噴施所有蘭株，每日或隔日施藥 1 次，連續噴施 2 次。

(四)葉片脫水褶皺症

蘭葉脫水出現褶皺，大多是由霜凍、高溫、乾旱、水漬、缺素和肥藥害等生理性病害所致。蘭株在乾旱、水漬

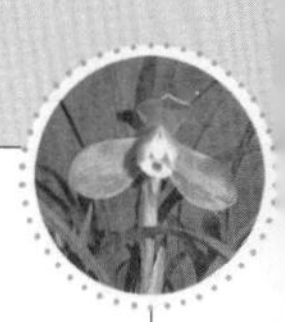

時最容易發生葉片脫水褶皺症；在受到霜凍、高溫、肥藥害時受害面積最大；缺素害僅是個別現象，不會大面積發生。葉片脫水褶皺症的防治方法要根據具體情況，分別對待。

一般因乾旱而使葉片脫水皺褶，只要漸漸增加澆水和噴霧，多可在短時間內糾正；高溫害、水漬害、缺素害和肥藥害經及時搶救、改善生態條件和促根，大部分也可救活；如果遭受凍害，只有將葉片全部剪去，採用「捂老頭」的方法，利用尚有生命活力的假鱗莖上的新芽重新萌發。

(五)葉尖生理性枯焦症

葉尖枯焦是蘭花最常見的生理性病害。主要症狀表現為蘭花葉尖由赤色轉褐色，再轉黑色，與綠色部分的邊界整齊，沒有異色點斑塊間雜的乾焦。它既降低了蘭花的觀賞價值，又影響了蘭株的生長發育，嚴重時還會導致蘭株的早衰和早亡。

葉尖生理性枯焦症致病因素很多，基本上是由以下生理病因所致：

1. 缺　素

蘭株缺鐵、磷等營養元素，根、莖的生長即受阻；缺鈣元素，影響根尖和芽的生長點細胞分裂；缺氯、鉬、硼、鉀等營養元素，養分與水分的運輸功能減弱，如較長時間得不到補給，芽、根的生長點死亡。較長時間的缺素，便會導致根尖發黑直至組織壞死。在地上部分便表現在對葉片的給養減弱而出現葉尖乾焦。

2. 凍害、乾旱害、高溫害

這些災害均可導致蘭根組織壞死、腐爛而出現焦葉尖。

3. 水　漬

如培養基質疏水性能低下，較長時間淤積過多的水分，蘭根呼吸不良，便產生爛根尖甚至爛根，在葉片上則首先顯現葉尖乾焦。

4. 肥害、藥害

常因為施肥的濃度偏高，間隔時間過短，或高溫、低溫期施肥而傷根；也有澆施農藥的濃度偏高等引起的傷根。如鋅、銅、鈣元素含量過高的肥料和含銅製劑的農藥在強光照下施用，易產生肥、藥害；噴施量過大，葉尖淤積大量殘渣也會產生肥、藥害。

5. 不良基質

如基質過分偏酸或偏鹼，基質疏水透氣功能低下，基質成分不適蘭根生長，基質有夾帶污染等。

6. 環境條件不適

光照過強或全無；空氣濕度偏大或偏小；溫度偏高與偏低；空氣流通不暢與閉塞；二氧化碳、鉀元素的不足；嚴重的空氣污染等，都會造成葉片生理功能失常而導致葉尖乾焦。

7. 外界傷害

如葉尖長期接觸盆壁或基質，易產生擦傷與漬傷，以及外界力的不慎干擾和侵害，同樣可導致葉片生理功能失常而出現葉尖枯焦。

由於以上原因，蘭花的根系、葉尖生長受阻，導致根系和葉片生理功能失常，出現葉尖乾焦。針對這種現象，

防治葉尖生理性枯焦症的重點是在栽培措施上下工夫，努力創造蘭花生長的良好環境，育肥育壯蘭苗。

(六)其他生理性病症

1. 根尖腐爛

發病的原因主要有三點：

（1）根尖長久接觸栽培植料中的積水，植料通風不良，蘭根呼吸不暢。

（2）移栽時蘭株動搖使蘭株根尖擦傷。

（3）油、煙、汗濕觸及根尖使之受到傷害。

【防治方法】在換盆、種株時，不要觸及根尖，植後注意排水通風良好。

2. 生長點呈乾性

【發病原因】

（1）栽植過淺，使生長點暴露在培養土外，遭受到風吹日曬。

（2）假鱗莖入土太深，植料積水、不通風，使生長點腐爛。

【防治方法】栽植時注意深度。

3. 芽生銹斑

【發病原因】

（1）當芽開葉時，芽心積水，又經日曬。

（2）氣溫高時，在高溫下給蘭花澆水。

【防治方法】注意澆水方式和澆水時間。

4. 芽苞株莖枯乾

【發病原因】

（1）天氣悶熱，通風不良，澆水把苞葉悶熱。

(2) 培養土過濕使苞葉呈黑爛狀，或培養土久未更換而被病菌感染。

【防治方法】注意澆水方式和澆水時間，及時換盆更新栽培植料。

5. 假鱗莖皺縮

【發病原因】

(1) 澆水不足或長期低溫。

(2) 被強烈陽光灼焦。

【防治方法】注意及時澆水、遮陰。

6. 花苞變黃或苞口不展開

【發病原因】

(1) 濕差太大，使花苞變黃再變褐色。

(2) 濕度太低，使花苞黏合不易展開。

(3) 變質花苞，由遺傳因素或不明生理因素所致。

【防治方法】控制空氣濕度。

7. 花蕾不生長

【發病原因】

(1) 遺傳因素或夜間溫度太高。

(2) 蜜液凝固使花萼前端黏合而不能正常展開。

【防治方法】控制溫度。

二、侵染性病害

侵染性病害是由寄生物引起的一類病害。按習慣，將植物浸染性病害分為八類，即真菌、放線菌、細菌、類菌質體、病毒、類病毒、線蟲和寄生性種子植物。蘭花侵染性病害的病原菌主要是真菌、細菌和病毒三類。其中由真

菌引起的病害占 2 / 3 以上。

(一)眞菌病害

真菌在寄生蘭花的過程中會引起寄主產生許多症狀，如：腐爛、發鏽、猝倒、枯萎、斑點、霉變、組織死亡等。

1. 蘭花黑腐病

蘭花黑腐病又稱冠腐病、猝倒病、心腐病，是蘭花最常見的真菌病之一。可危害多種蘭花的小苗、葉、假鱗莖、根等，其中以心葉發生最多。

該病害多數是從新株的中心葉背開始為害，先是在葉片上出現細小的、有黃色邊緣的紫褐色濕斑，並逐漸變為水漬狀擴大，密連成片，較大和較老的病斑中央變成黑褐色或黑色，用力擠壓時還會滲出水分，隨後葉片變軟發黑，不久腐爛脫落（圖 11–1）。

如不及時剪除病葉並施藥，病菌將擴大感染葉鞘、鱗莖及根部，乃至整簇、全盆蘭株爛枯。它由已發生污染的栽培介質、肥料與流水等傳播，特別是在高溫高濕的環境中，病原菌擴散極快，危害較重。

【防治方法】

（1）在栽培過程中，保持通風，避免潮濕，一經發現黑腐病，立即剪除病株葉，並淋施藥劑。

（2）定期使用 50%福美雙 100～150 倍液或用 75% 百菌清 800 倍液加 0.2%濃度的洗衣粉或用代

圖 11–1　蘭花黑腐病

森錳鋅 600～800 倍液噴布葉面進行預防。

（3）發病時切除感染部位或器官，加以燒毀或深埋；病斑已密連成片的，說明病菌已向下擴散感染。應起苗消毒，重新上盆，並對陳列病株之場地淋藥消毒。

（4）發病時採用 0.1%～0.2%的硫酸銅溶液噴灑，或採用 50%克菌丹可濕性粉劑 400～500 倍液、1%波爾多液噴灑殺菌；64%卡黴通 700 倍液、10%世高 2000 倍液。

（5）醫用氯黴素 1000 倍液。淋灑透全盆並噴施，每 1～2 天施藥 1 次，連續施噴 2 次。

2. 蘭花炭疽病

炭疽病又稱黑斑病、褐腐病、斑點病，是蘭花常見真菌病害之一，我國南方各地常見。主要危害葉片，也可為害花朵。該病菌多在葉片中段為害，發病初時，在葉面上出現若干濕性紅褐色或黑褐色小膿疱狀斑點，斑點的周邊有褪綠黃色暈，擴大後呈長橢圓形或長條形斑，邊緣黑褐色，裏面黃褐色，並有暗色斑點匯聚成帶環狀的斑紋（圖 11-2）。

圖 11-2　蘭花炭疽病

有時聚生成若干帶，當黑色病斑發展時，周圍組織變成黃色或灰綠色，而且下陷。梅雨季節發病尤為嚴重，以 6～9 月份為發病的高峰期。高濕悶熱，天氣忽晴忽雨，通風不良，花盆積水，過量施用氮肥，株叢過密，摩擦

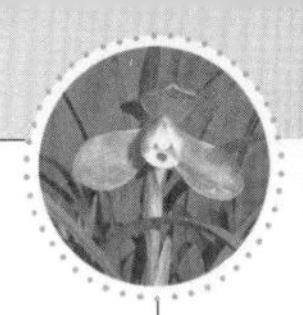

損傷，介殼蟲為害嚴重等因素均會加重病情的發生蔓延。

【防治方法】

（1）加強栽培管理。徹底清除感病葉片，剪去輕病葉的病斑。冬季清除地面落葉，集中燒毀。蘭室要通風透光，落地盆栽要有陰棚防止急風暴雨，放置不宜過密。

（2）發病前用65%代森鋅600～800倍液，或75%百菌清800倍液，或75%百菌清800倍液加0.2%濃度的洗衣粉噴布預防。

（3）發病初期噴灑25%炭特靈可濕性粉劑500倍液或36%甲基硫菌靈懸浮劑600倍液，25%苯菌靈乳油800倍液。隔10天左右1次，連續防治2～3次。發病時剪去受感染的器官，並用50%多菌靈800倍液或75%甲基托布津1000倍液噴灑，有效藥劑還有代森錳鋅、托布津、炭特靈等。以德國產「施保功」1500倍液為特效。最好將非內吸性殺菌劑與內吸性殺菌劑混合施用，或交替施用。

3. 蘭花葉斑病

蘭花葉斑病是蘭花發生最普遍的病害之一。為害蘭花的葉斑病有多種，其受害症狀因不同菌類差異較大，主要表現為葉片上出現紅褐色葉斑，邊緣暗紫色圓形或不規則形，葉斑面積可長達數公分。後期在病斑上集生許多小黑粒（圖11-3）。

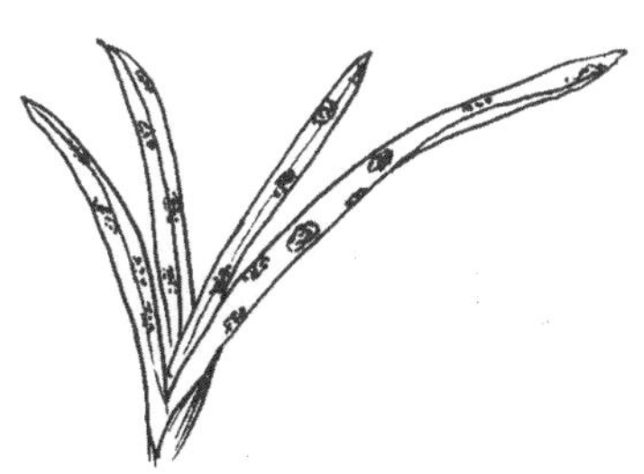

圖11-3　蘭花葉斑病

【防治方法】

（1）冬季清理蘭場，剪除病枯葉，噴一次1%波美度

石硫合劑或50%多菌靈可濕性粉劑1000倍液。

（2）病害發生時先除去病葉，再噴施1%波爾多液或50%多菌靈可濕性粉劑1000倍液或50%托布津可濕性粉劑800倍液或75%百菌清可濕性粉劑800～1000倍液。

（3）注意保持養蘭場地通風，發病時也可選用「多硫懸浮劑」800倍液；「複方硫菌靈」、「代森錳鋅」等防治。使用德國產「施保功」1500倍液、珠海產「蘭威寶」800倍液、瑞士產「世高」6000倍液防治效果更為顯著。如果只有少數斑點，可用消毒後的針頭刺點斑病點，然後抹上醫藥用「達克寧」霜。

4. 蘭花花枯病

蘭花花枯病的病原菌有多種，多危害蘭花的花或花序，幼嫩的蘭芽也易受感染。此病多發生在環境潮濕的地方，受害蘭花的花被片上出現淡褐色非常小的水漬斑點。此種斑點會變大並使整個花腐爛。有些表現為感染部分出現凹陷的暗褐色至黑色病斑，上面通常覆蓋白色粉末。嚴重感染能使花在芽期變黃、凋落。

【防治方法】

（1）栽培過程中注意環境濕度不可太高，特別是在夜間溫度較低時。

（2）在植株發病時需剪除病花，每4～7天用80%代森鋅或80%代森錳鋅可濕性粉劑500倍液噴灑和澆灌土壤，也可以用50%多菌靈可濕性粉劑500倍液噴灑和澆灌土壤。

5. 蘭花白絹病

蘭花白絹病又稱蘭花白絲病，發病時在土壤表面、蘭

莖頸部和根基處密佈白色菌絲，形如白絹。它是蘭花最常見的真菌性病害之一，多發生於高溫多雨季節，在春夏之交的梅雨季節，以及秋雨連綿時發生尤為嚴重。

盆栽蘭花質料排水不暢或澆水過多也容易發生白絹病。該病主要為害蘭花的根部及莖基部分。植株受感染時先在莖基部出現黃色至淡褐色的水漬狀病斑，隨後葉片萎蔫、莖稈呈褐色腐爛，容易折斷。嚴重時蘭花假鱗莖也會被侵染，在病部產生白色絹絲狀菌絲，呈輻射狀延伸，並在根際土表蔓延。

發病後期，菌絲體常交織形成初為白色，後漸變為黃色，最終呈褐色的圓形、菜子狀菌核，這是該病區別於其他病害的最典型症狀。

受害株的葉片先呈黃色，後枯萎死亡，繼而迅速出現根與假鱗莖的衰萎與腐爛。如果向上蔓延，莖會出現壞蝕槽，接著腐爛，從而導致全株死亡。

蘭花白絹病以菌絲體或菌核在病株殘體與盆土中越冬。菌核對不良環境抵抗力極強，能在盆土中存活 4～5 年，並借病苗、病土和流水傳播。它在氣溫驟高、細雨綿綿的 4～5 月份開始侵染；高溫高濕的 6～8 月份為發病的高峰期。一般在高溫乾燥後，或陰雨轉晴時開始危害。以酸性（pH5.3）條件下發病最為嚴重。

【防治方法】

（1）在病穴周圍適當撒施生石灰，控制病菌蔓延。或者施用農藥，用 1：500 的百菌清和 1：1：100 的波爾多液噴灑葉面及灌根。也可單用 1：100 的石灰水直接灌在病根及病根周圍土壤中。還可用甲基托布津 800 倍在高溫多雨

季節噴灑土壤，以預防該病。

（2）在基質中拌入適量的草木灰，或在盆面略撒施蘆葦草炭。或在4～5月份，向盆栽植料澆施1%的石灰水，以此來改變基質酸鹼度，抑制其繁衍。一旦發病，立即剪去病莖，並將蘭株浸於1%的硫酸銅溶液中消毒，盆土用0.2%的五氯硝基苯或50%多菌靈可濕性粉劑進行消毒，也可用50%的代森鋅500～1000倍液或50%多菌靈1000倍液噴灑根際土壤，控制病害蔓延。

（3）在假鱗莖周圍有白絹出現而假鱗莖未腐爛時，立即將蘭株拔出，去掉根部帶菌的的植料，用流水清洗整個蘭株，再用洗衣粉擦塗病株的根部、葉基、假鱗莖等處，稍過幾分鐘再用清水沖洗，晾乾後再種植到無菌的新植料中。

（4）用井崗黴素500～700倍液，直接噴淋白絹病病株1～2次，如還有少量菌絲或菌核，可再噴淋1～2次。也可用醫用氯黴素針劑，每安瓿稀釋500～1000g水淋澆病株，每日1次，續施2次。對於近鄰植株，可用同種藥劑，全面噴及葉背、盆面、株基。每日1次，連續噴施2次，也可1日2次，連續噴施4次。

（5）發病後噴施50%苯來特可濕性粉劑1000倍液，每7至10天噴一次，連續噴施2至3次，防治效果良好。也可在陰雨或降雨前後噴藥防治，可採用50%速克靈粉劑500倍液，或50%農利靈（乙烯菌核利）粉劑500倍液，殺毒礬500至600倍液，噴施株莖、葉片、盆面，防治效果顯著。

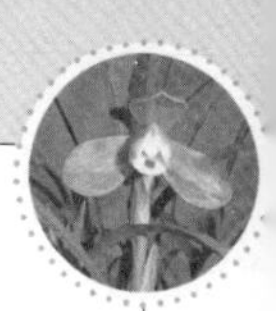

6. 蘭花葉枯病

蘭花葉枯病又稱蘭花圓斑病。危害蘭花葉片不同部位，一般從葉尖或葉片前端開始發病，發病初期在葉尖上發生褐色小斑點，然後斑點擴大為灰褐色的病斑，中間成灰褐色，並有小黑點，嚴重時相鄰病斑融合成大病斑，最後葉尖枯死。

圖 11-4　蘭花葉枯病

有時是葉片中部受害，病斑面積較大，呈圓形或橢圓形，中央灰褐色，邊緣有黃綠色暈圈，嚴重時整片葉枯死脫落（圖 11-4）。

病菌以菌絲或分生孢子在病殘組織內越冬，主要靠風雨水滴傳播，從葉片傷口或自然孔口侵入。一般 4～5 月份發病危害老葉，7～8 月份發病主要危害新葉。高溫、冷害、日灼、藥害、營養失調等會引起植株活力下降，加重葉枯病的發生。有明顯的發病中心，並可向四周蔓延。

【防治方法】

（1）冬季清除蘭株上的病殘枯葉，注意防凍。

（2）發病初期時及時摘去病葉，並噴灑 75%百菌清可濕性粉劑 600 倍液或 40%克菌丹可濕性粉劑 400 倍液，或 50%甲基硫菌靈可濕性粉劑 500 倍液防治，隔 10 天左右一次，連續噴施 2～3 次。

（3）已發病的植株要暫停澆水並避免雨水澆淋，發現病株及時噴灑藥劑，並對周圍健康蘭株噴施 1：1：100 的波爾多液，防止病情蔓延。

7. 蘭花灰黴病

蘭花灰黴病又稱花腐病，一般在花上發病。主要危害花器（萼片、花瓣、花梗），有時也危害葉片和莖。發病初期出現小型半透明水漬狀斑，隨後病斑變成褐色，有時病斑四周還有白色或淡粉紅色的圈。當花朵開始凋謝時，病斑增加很快，花瓣變黑褐色腐爛。花梗和花莖染病，早期出現水漬狀小點，漸擴展成圓至長橢圓形病斑，黑褐色，略下陷。病斑擴大至繞莖一週時，花朵即死之。危害葉片時，葉尖焦枯。

病菌以菌核在土壤中越冬。翌春產生大量菌絲和分生孢子，借助於氣流、水滴或露水及傳播。即將凋落的花瓣或受完粉的柱頭，有傷口的莖、葉都是灰黴菌易侵染的部位。該病每年多在早春和秋冬出現 2～3 個發病高峰，當氣溫 7～ 18℃、空氣濕度高於 80%時最容易發病。

【防治方法】

（1）合理調控環境的溫、濕度，尤其在早春、初冬低溫高濕季節，花房或居室要注意加溫和通風，防止濕氣滯留；澆水時不要濺到花上，淋澆在白天進行，以使植株特別是花朵上的水分儘快蒸發。

（2）在發病時剪去重病花朵或其他病部並銷毀。

（3）發病初期噴灑 50%速克靈可濕性粉劑 1500 倍液或 50%撲海因或 50%農利靈可濕性粉劑 1000 倍液或 50%苯菌靈可濕性粉劑 1000 倍液，或 65%抗黴威可濕性粉劑 1500 倍液。10 天一次，連續防治 2～3 次。為防止病菌產生抗藥性，要注意輪換交替或複配用藥。

（4）在大棚或溫室大規模栽培時還可採用煙霧法或粉

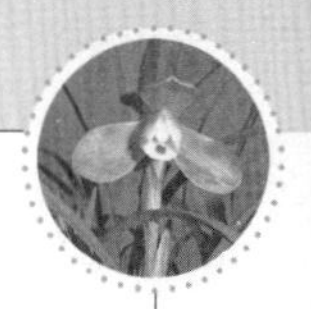

塵液施藥。採用煙霧法時可10%速克靈煙劑，薰3～4小時，粉塵法於傍晚噴撒10%滅克粉塵劑或10%殺黴靈粉塵劑，每次1kg / 1000m^{2}左右。

圖 11-5 蘭花鐵鏽病

8. 蘭花鐵鏽病

蘭花鐵鏽病俗稱蘭花沙斑病。病原入侵後，葉端背表層會鼓起許多如芝麻大小的鐵褐色凸狀物。數日後，凸狀物破裂，露出鏽色粉狀物隨風四處飄揚，重複侵染。由於該病的病斑初期斑形細小，斑色不豔，又處於葉端背，在葉面不易被覺察到，需要逐一翻檢才能發現（圖 11-5）。如果待到葉面上能發現病斑，其病菌孢子已擴散。

【防治方法】

（1）常翻檢葉端背，一旦發現病斑，及早擴剪燒毀。

（2）對症防治藥劑是代森錳鋅500～600倍液，或含銅殺菌劑。但銅製劑易導致焦葉尖。故多選用粉鏽寧500倍液，大生45、萬佳生等。施藥時注意噴及葉端背。

9. 蘭花褐鏽病

蘭花褐鏽病又稱蘭花鐵炮病。該病菌從葉背氣孔入侵，最初在葉面緣呈現淡褐色至橙黃褐色細點斑。然後逐漸擴大，密連成片，直至葉片枯落。當病斑密連成片時，斑色逐漸轉為黑色，斑緣常有黃暈。在冬季寒流襲來或早春氣溫剛剛回升時，如果栽培基質過濕，該病常易發生。

【防治方法】

（1）發現葉緣出現病斑，及時擴剪、集中燒毀，然後

噴施代森錳鋅 600 倍液，每週 1 次，連續噴施 2～3 次。

（2）藥劑治療：瑞士產「世高」1000 倍液，71%愛力殺 1000 倍液。病情嚴重的 3 天噴 1 次，並澆施 1 次。

(二)細菌病害

細菌比真菌個體小，是一類單細胞的低等生物，它們一般借助雨水、流水、昆蟲、土壤、植物的種苗和病株殘體等傳播。主要從植株體表氣孔、皮孔、水孔、蜜腺和各種傷口侵入花卉體內，引起危害。

表現為斑點、潰瘍、萎蔫、畸形等症狀。由於細菌性病害治療比較難，要以預防為主。

1. 蘭花褐腐病

該病為全球性常見細菌性病害之一，一般為害蘭花的芽或葉。受害時，蘭株葉面先是出現水漬狀黃色小斑點，後逐漸變為栗褐色，並有可能下陷，接著水浸處呈褐色腐爛，常會迅速擴展至連續長出的葉上，繼而毀壞葉子，使其脫落，有時會危害整個植株。此病多發生於潮濕、溫暖的環境中。

【防治方法】蘭株一旦受害，應及時除去病葉，直至只留下假鱗莖，然後用 200 毫克／升農用鏈黴素或 0.5%波爾多液噴殺，每週 1 次，連續 3～5 次。

2. 蘭花軟腐病

蘭花軟腐病又稱蘭花花葉斑病。高溫多濕時易引發此病，我國南部地區發病較為嚴重，可由土壤傳染，也可從傷口及害蟲食痕處侵染，還可隨雨水或澆水傳播。

一般表現為全株發病，多從根莖處侵染，葉片受害時，為暗綠色水浸狀小斑點，迅速擴展呈黃褐色軟化腐爛狀。腐

爛部位不時有褐色的水滴浸出，有特殊臭味，嚴重時，葉迅速變黃。若假鱗莖感病，也會出現水漬狀病斑，褐色至黑色，最終使假鱗莖變得柔軟、皺縮和暗色，迅速腐爛。

【防治方法】

（1）蘭株一旦發現病斑，立即起苗洗淨，擴創病灶後用 0.5%高錳酸鉀溶液浸泡 30 分鐘，然後撈出沖洗乾淨、晾乾，在重新栽入消毒過的基質中，待基質偏乾時，用 2000 倍液鏈黴素溶液作定根水澆根。

（2）春末夏初之後，對有病情的蘭株選用法國產「科博」400～600 倍液，7～15 天 1 次，連續 2～3 次；或 32%克菌乳油 1500～2000 倍液，7～10 天 1 次，連續 2～3 次；也可用 71%愛力殺 1000 倍液，7～10 天 1 次，連續 2～3 次。

（3）發病初期，每兩天噴施 1 次 2000 倍液醫用鏈黴素溶液。連續 2 次。如果噴施鏈黴素還不能徹底控制病情，可改用 2000 倍液醫用氯黴素針劑溶液噴施，用法同醫用鏈黴素溶液。

3. 蘭花葉腐病

受該病侵害的蘭花初期蘭葉表面有半透明的斑塊，有的染病初期葉片呈黃色水漬狀，最後病斑都會變為黑色、下陷。最後可導致整個葉片腐爛、脫落。此病主要由傷口感染，如碰折、蟲害等。濕度過高也易誘發此病。

【防治方法】

（1）及時剪除發病蘭株的病葉，同時在傷口上用波爾多液塗抹。

（2）發現病株可用 0.5%波爾多液或 200 毫克／升的農

用鏈黴素或甲基多硫磷等噴灑葉面。也可將發病蘭株拔出，用1%的高錳酸鉀溶液浸泡5分鐘，撈出後用流水清洗，然後在陽光下曬15分鐘，利用紫外線殺菌。晾乾後再種植。

（3）在病害嚴重或迅速蔓延時，要嚴格控制水分和濕度，尤忌澆當頭水。

4. 蘭花細菌花腐病

蘭花細菌花腐病是世界性的蘭花病害之一。致病細菌既可腐生，也可寄生感染已被破壞的蘭花組織。蘭株感病後多在花上出現爛斑，包括一些小的、壞死的病斑，具有水漬狀的暈圈，嚴重時花朵壞死，甚至引起根、莖、芽的壞死與腐爛。

【防治方法】

（1）更換培養土並加以嚴格消毒，植料消毒的方法可用烈日暴曬、蒸汽高溫滅菌等方法，也可用200毫克／升農用鏈黴素或醫用氯黴素和0.5%的波爾多液噴灑。

（2）拔出病株，剪去受感染組織，並用0.1%的高錳酸鉀溶液浸泡受感染植株，清洗晾乾後重新種植於消過毒的植料之中。

（三）病毒病害

病毒是一種專性寄生物，蘭花一旦感染上病毒，一般沒有特效藥防治，因此，病毒病只能靠改善環境衛生，提高種植技術進行預防。

1. 病毒病的症狀

蘭花病毒病的症狀多出現在葉片上，主要症狀類型有花葉、變色、條紋、枯斑或環斑壞死、畸形。在發病的早期，葉片的某一部位會呈現與葉色不同的乳白色或淡黃色

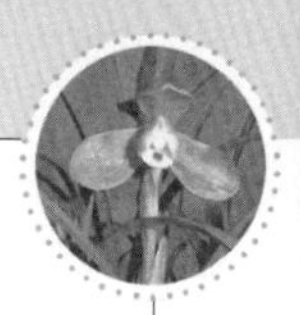

網線斑駁；有的呈長短、粗細形狀不一，邊界不規則的條形斑，或不規則的環狀斑。其斑的邊界往往呈現水漬狀。斑的正反兩面位置相符而呈失綠樣透明，斑中沒有異色點綴其間，只是斑體變得很薄而顯現透明。

發病的中期，在病斑的附近葉緣有不同程度的萎縮，褶皺、反捲；斑鄰近的葉面，可有不同程度的脫水樣褶皺；發病的晚期，斑體有明顯的凹陷，並有日灼樣焦灼斑塊夾雜其間。不久，斑塊增多，脫水加重，斑塊組織壞死，直至全株枯萎死亡。

2. 病毒斑與其他病斑的區別

蘭花在生長發育過程中因各種因素的影響，會出現多種病斑。病毒斑易與非侵染性病害容易混淆，準確識別病毒斑與其他病斑的不同，在栽培管理時才能區別對待，採取正確的防治方法。

（1）病毒斑與日灼斑的區別：

日灼斑的部位在蘭葉最易暴露在日光下的葉端部和弧曲葉的中段，葉基不會出現日灼斑，而病毒斑在全葉的各個部位均有可能出現；日灼斑不向下凹陷；而病毒斑多向下凹陷。日灼斑不透明，而病毒斑白而透明，且在斑的中心處出現褐色壞死斑；日灼斑葉側和葉緣不後捲，而病毒斑葉側葉緣常明顯後捲。

（2）病毒斑與藥傷斑的區別：

含銅殺菌劑或施藥濃度大有時會引起蘭株的藥害，出現藥傷斑。藥傷斑常因藥液積聚在葉端而產生焦葉尖，藥傷斑色淺黃，斑體不透明，葉背沒有明顯的斑紋，葉面沒有脫水樣褶皺，葉側不後捲；病毒斑色白而透明，葉背有

斑紋，葉面具脫水樣皺褶，葉側明顯後捲。

（3）病毒斑與水肥漬斑的區別：

蘭葉上的水肥漬斑與藥傷斑形、色相似，但它沒有像藥傷斑那樣有焦葉尖和焦斑。更無病毒條形失綠壞死斑，斑體鄰近部位也無脫水樣的皺捲症狀。

（4）病毒斑與炭疽病斑的區別：

炭疽病斑是出現在綠葉之上，病斑的周邊有寬闊的黃色暈，後期長出黑色的分生孢子；病毒斑處於綠葉上的透明條形斑之上，沒有黃色暈，後期不會生出其他異物，只會枯死爛穿。

（5）病毒斑與介殼蟲斑的區別：

介殼蟲斑斑點密集，多為淡黃色或夾雜有乳白色，斑形橢圓浮凸，且每個斑塊的中心部具刺傷的黃色放射狀小點，隨著蟲害防治成功，蟲斑會逐漸隱去至消失；病毒斑斑點散放，白色透明，斑形呈條形並向下凹陷，沒有刺傷點，其壞死褐色斑，只有不斷擴展至爛穿而枯，不可能隱去或消失。

3. 病毒的傳染

病毒病多為系統性侵染，傳染方式有三種：

（1）本體傳染：

蘭花被病毒感染之後，病毒顆粒會隨著維管束輸送至蘭株各部位。已感染病毒的蘭株，在進行分株、扦插等無性繁殖時，雖經離體分植，但由於蘭株周身帶有病毒，繁殖出的小苗仍然會顯現病毒徵。只有利用芽尖的生長錐進行組織離體培養才有可能脫毒。

（2）介體傳染：

各種害蟲如蚜蟲、飛虱等刺吸式口器昆蟲取食帶有病毒蘭株的汁液，或者毛蟲類等咀嚼式口器的昆蟲咬食帶病毒蘭苗時，夾帶了有病毒的汁液，再到其他沒有病毒的蘭株上去活動，就會很快將病毒傳播開來。

（3）非介體傳染：

病毒只能在活的細胞中傳染。蘭株表面的微傷，使病毒有可能進入活的細胞。蘭株本身葉面磨擦，人工起苗、分株、修剪等管理中都會產生創口。病毒隨時可能由創口進入株體。所以，陳列蘭花、起苗、裝運、種植、管理時都要注意儘量不損傷蘭株，並注意消毒。

4. 病毒病的防治

由於病毒本身的結構特點，到目前為止，人們還沒有找出根治蘭花病毒病害的方法。目前防治蘭花病毒病的基本策略是：防重於治和綜合防治。一般採取以下措施：

（1）選育抗病品種和慎重引種：

在對受到病毒侵染的蘭花栽培群中，有目的地選育病毒沒有侵入或即使侵入也無法複製的抗病品種和對病毒感染有較強適應性的耐病品種。

注意不引進已有病毒徵的種苗，也不引進來自病毒流行區的種苗，以及與病毒混裝、混賣的種苗。

（2）清除病苗和種苗消毒：

在蘭圃中發現病毒苗，要立即將病株連同盆缽、基質清理深埋。同時對鄰近蘭株和場地進行藥劑消毒，可選用「病毒必克」500 倍液淋灑。每 2～3 天 1 次，連續施噴 3～5 次。

在引入蘭苗時，為了防止有病毒潛伏，要在栽植前將所有引進種苗全部用抗病毒藥劑浸泡 2 小時。使用的工具，如剪刀等，要用 2%做福爾馬林浸泡 2 小時以上，或用火焰（如打火機火焰）燒烤數秒鐘消毒。種植後，每次澆水，均要用抗病毒劑稀釋液澆施，每月澆施 1 次，2 年後如無出現病毒徵，才可與健康苗一樣管理。

（3）注意防治蟲害：

危害蘭花的昆蟲，特別是刺吸式口器的蚜蟲、粉虱等，在吸食蘭花汁葉的同時也傳播了病毒。生產上一定要注意要加強對害蟲的防治，利用生物農藥、化學農藥、物理誘捕等方法將蟲害控制住。對那些名品蘭花，可以另闢專養場所、實行隔離性半自然管理，棚頂有遮雨、遮陰設施，四周有白色篩網封裹，以防害蟲擴散病毒原。

（4）加強管理，提高免疫力：

健康生長的蘭花，抗病毒的能力也強。生產上合理調控蘭場的溫度、濕度，注意透光通風，合理澆水施肥，採用減少遮陰密度，實行冬春全光照、夏秋半遮陰管理，增加光照量，通風量的半自然式管理等都是增強蘭花體質的良好措施。

除了與健康苗同樣施肥、澆水、噴藥外，為防病毒侵染，還可以噴施食用米醋 250 倍液，每季分別噴施 1 次阿斯匹林、「植物動力 2003」溶液等。

（5）藥劑防治：

雖然目前還沒有根治蘭花病毒的有效藥劑，但由實驗證明，有些藥劑可短期抑制病毒。

一是市售的植物病毒高效抑制、防治劑「病毒必克」。

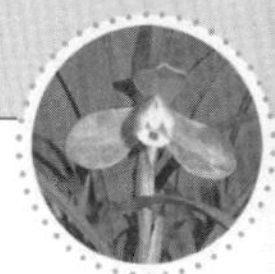

它具有很強的內吸性和傳導活性，由抑制病毒的增殖，加快葉綠素合成，提高光合作用強度而達到防治目的。本品可以與中性、酸性農藥混用，使用時一般稀釋成 500 倍液。

二是中草藥浸出液。實驗發現，凡具有清熱解毒作用的中草藥均有一定的抗病毒作用。對蘭花病毒有明顯抑制作用的中草藥有大蒜、煙草、大黃、貫眾、金銀花、大青葉、虎杖、檳榔、小藜、玉簪、紫草、月季、蛇床子、商陸、甘草、連翹、蒲公英、黃岑、重樓、紫金牛、射干、板藍根、梔子、穿心蓮、七葉一枝花塊莖、苦楝等。防治時可以在其中選 2～3 種組合，將藥材和水按 1：20 的比例浸泡一週後密封備用。使用時稀釋 10～20 倍澆噴。

施藥時可以將「病毒必克」與中草藥浸出液交替施用。對發病蘭株開始每 3 日噴施 1 次，每 6 日澆施 1 次；3 個月後，改為每週一噴施、每旬一澆施；半年後，改為每月一澆施，每旬一噴施。1 年後，發芽前澆噴 3～5 次，高溫期每半月 1 次。澆噴時，兩類藥液最好都加入稀釋液 1%量的食用米醋，以增加藥液滲透力而提高藥效。

第二節　蘭花的蟲害

家養蘭花的根、莖、葉、花朵常常會遭受害蟲的取食，被害蘭花因此而生長不良，也就不能年年開花。我們把在蘭花上取食的昆蟲、蟎類或軟體動物統稱為蘭花害蟲。蘭花在生長發育過程中受到害蟲的侵襲，並由此造成重大經濟損失即稱為蟲害。

危害蘭花的害蟲很多，常見的有介殼蟲、蚜蟲、葉蟎、

薊馬、粉虱、潛葉蠅、毛蟲、蝸牛、蛞蝓、線蟲、蟑螂、螞蟻等。

一、介殼蟲

介殼蟲又名蚧蟲（圖 11-6），俗稱「蘭虱」，以刺吸式口器吮吸蘭花汁液為食。危害蘭花的介殼蟲有多種，危害嚴重的有盾蚧、蘭蚧、擬刺白輪蚧等。介殼蟲的蟲體細小，灰黑、乳白或黑色。長 1.2～1.5mm、寬 0.25～0.5mm 左右。每年 5～6 月份，由蟲卵孵化而成的幼蟲開始擴散，到處爬行。若蟲找到生活地點時，即分泌一層蠟殼將自己固定，並用它的刺吸式口器穿入蘭花體內吸取汁液。

介殼蟲主要寄生在蘭花的葉片上，輕者使葉片變黃老化，重則成片覆蓋葉面，影響蘭株生長發育，不能正常開花，出現枯葉、落葉，直到全株死亡。侵害後的傷口極易感染病毒，分泌物易招致黑黴菌的發生。

介殼蟲的繁殖能力強，春夏為多發季節，5～9 月份危害最嚴重，一年可繁殖多代，幼蟲分泌蠟殼一般農藥不易滲入，防治比較困難，一旦發生，也不易清除乾淨。在水濕過重、悶熱而又通風不良的環境下發生的更為嚴重。

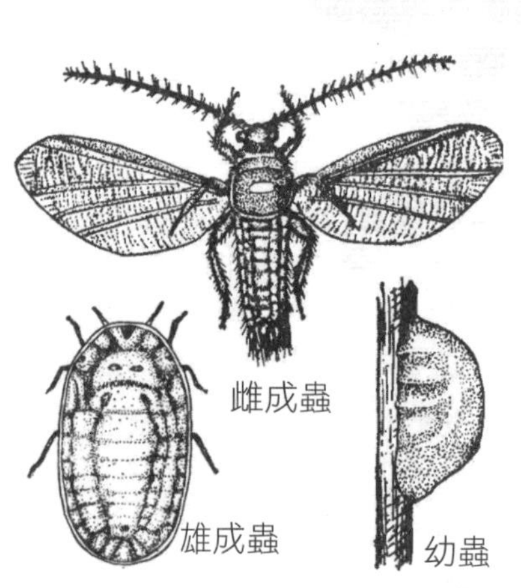

圖 11-6　介殼蟲

【防治方法】

（1）注意蘭場環境：

由於介殼蟲多在水濕過重而又通風不良時發生，因此，首先要保持蘭圃場地通風良好，日常管理應特別注意環境通風，避免過分潮濕。購買蘭苗時，不要將有介殼蟲的種苗帶回蘭圃。蘭場內若有少量介殼蟲發生，應將有蟲植株與健康植株隔離。

（2）人工清除蟲體：

有少量介殼蟲時，可用軟刷輕輕刷除蟲體，再用水沖洗乾淨（圖 11–7）。如果發生數量多而且面積較大，需施用農藥。

（3）抓住用藥時機：

在幼蟲體表尚未形成蠟殼，即幼蟲爬行期內進行施藥殺滅，防治效果最好；一旦幼蟲蠟殼形成後則農藥難滲入，防治效果就欠佳。以每年 5 月下旬至 6 月上旬第一代幼蟲孵化整齊，蟲體面尚未形成蠟殼時為防治適期。可用 40%樂果或氧化樂果乳油 1000 倍液，或 50%敵百蟲 250 倍液，或 80%敵敵畏乳油 1000～1500 倍液，或 2.5%溴氰菊酯乳油 2000～2500 倍液噴灑 1～3 次，每次間隔 7～10 天。介殼蟲易對藥物產生抗性，要掌握好農藥的使用濃度和交替使用農藥。噴藥力求全面周到。葉面、葉背、株基、盆面等都要全面噴及。

（4）改變施藥方法：

對受害嚴重的可採用藥液浸盆法，做法是選用具有殺卵功能的藥劑如介死淨、毒絲本、卵蟲絕、掃滅利、

圖 11–7　刷除介殼蟲

果蟲淨等，按使用說明稀釋藥液，浸沒盆蘭5～10分鐘。室內少量栽培的可用藥劑埋施法。將「滅蟲威」（鐵滅克15%）顆粒藥劑埋入基質2～3cm深，讓藥劑被根系吸收再運送至全株。讓所有害蟲吸食中毒而亡。盆徑20cm的，每盆埋施2g藥劑，依此類推。埋施殺滅法不污染環境，滅蟲效果也很好。

二、蚜　蟲

蚜蟲（圖11–8）的種類很多，一般為害蔬菜、果樹、農作物的蚜蟲，也常危害蘭花的嫩葉、葉芽、花芽、花蕾和花瓣。它們常寄生於蘭株上，完成交配後產卵，在葉腋及縫隙內越冬，但在溫室中全年可孤雌生殖，即雌性蚜蟲不經與雄性蚜蟲的交配而大量繁殖後代。以成蚜、幼蚜危害蘭花的葉、芽及花蕾等幼嫩器官，吸取大量液汁養分，致使蘭株營養不良；其排泄物為蜜露，會招致黴菌滋生，並誘發黑腐病和傳染蘭花病毒等。蚜蟲繁殖迅速，一年可產生數代至數十代。

【防治方法】

（1）家庭少量養蘭，零星發生蚜蟲時可用毛筆蘸水刷下，然後集中消滅，以防蔓延。

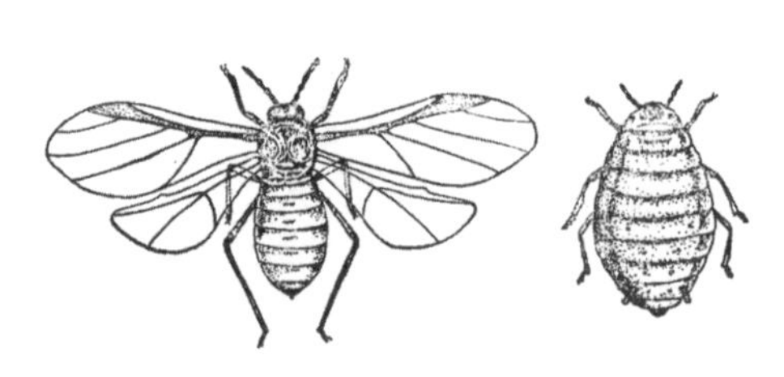

1. 有翅蚜　　2. 無翅蚜

圖11–8　蚜　蟲

（2）春季蚜蟲發生時，用銀灰驅蚜薄膜條，間隔鋪設在蘭圃苗床作業道上和苗床四周。還可利用蚜蟲對顏

色的趨性，用一塊長 100cm，寬 20cm 的紙板刷上黃綠色，塗上黏油誘粘。

（3）蚜蟲危害面積大時，可在 3～4 月份蟲卵孵化期用 40%氧化樂果乳油 1000 倍液或乙酰甲胺磷 1000 倍液，或 50%殺螟松乳油 1000 倍液，或 20%殺滅菊酯乳油 2000～3000 倍液，或 40%水胺硫磷乳油 1000～1500 倍液，或 50%抗蚜威可濕性粉劑 1000～1500 倍液等噴殺。

三、葉　蟎

危害蘭花的葉蟎（圖 11-9）有多種，以紅蜘蛛較為常見，其體形小，紅褐色或橘黃色。以銳利的口針吸取蘭花葉片中的營養，致使葉片細胞乾枯、壞死，並引起植株水分等代謝平衡失調，影響植株的正常生長發育。並且傳播細菌和病毒病害。紅蜘蛛等在溫度較高和乾燥的環境中，蟲體繁殖迅速，5 天就可繁殖 1 代，數量特多，危害嚴重。是蘭花的大害蟲之一。

【防治方法】

（1）葉蟎的雌成蟎一般在蘭花葉叢縫隙和枯死的假鱗莖內落葉下越冬，冬季清潔蘭場，去除蘭株上的枯葉可有效地減少紅蜘蛛的越冬基數。

（2）在越冬雌成蟎出蟄前，在小紙片上塗上黏油，放在蘭株莖基部環

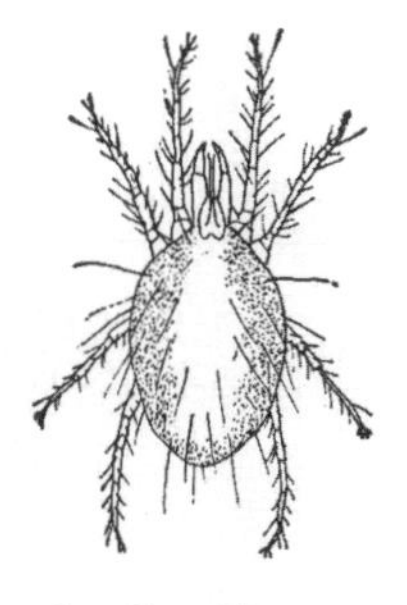

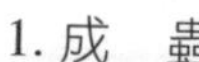

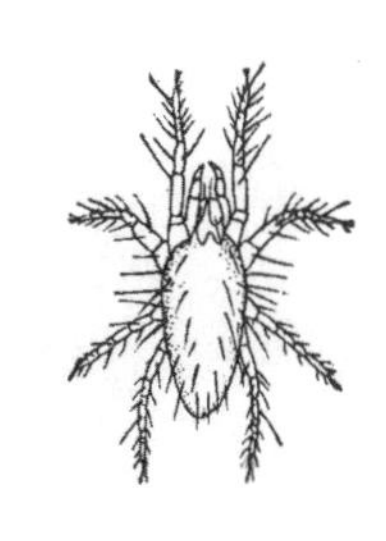

1. 成　蟲　　2. 幼　蟲

圖 11-9　葉　蟎

進行黏殺，黏油的配比為10份軟瀝青加3份廢機油加火熔化，冷卻後塗在紙片上。

（3）保持環境通風，使環境濕度在40%以上，葉背經常噴水，這些措施都能控制葉蟎的繁衍。

（4）由於農藥難以殺死蟲卵，一般在蟲卵孵化後的幼蟲、成蟲期施藥，可用40%氧化樂果乳油1000倍液，或20%四氰菊酯乳油4000倍液，每隔5～7天一次，連續2～3次。還可採用600倍液的魚藤精加1%左右的洗衣粉溶液，或73%克蟎特乳油2000～3000倍液，或50%溴蟎酯2000～3000倍液，或40%水胺硫磷乳油1000～1500倍液，或風雷激（綠旋風）1500～2000倍液噴殺。市場上可以用來殺葉蟎的藥劑還有蟎死淨、尼索朗、蟎克、阿波羅等。藥物交替使用效果較好，以防抗藥性種群的產生。值得注意的是：三氯殺蟎醇含有致癌物質，已禁止在蘭花上使用。

四、薊　馬

薊馬（圖11-10）食性雜、寄主廣泛，已知寄主達350多種。近幾年為害蘭花較嚴重。薊馬蟲體較小，成蟲體長1.2～1.4mm，體色淡黃至深褐色，活動隱蔽，危害初期不易發現。主要危害蘭花的花序、花朵和葉片。危害葉片時以挫吸式口器吸食蘭花汁液。多在心葉、嫩芽和花蕾內部群集為害。

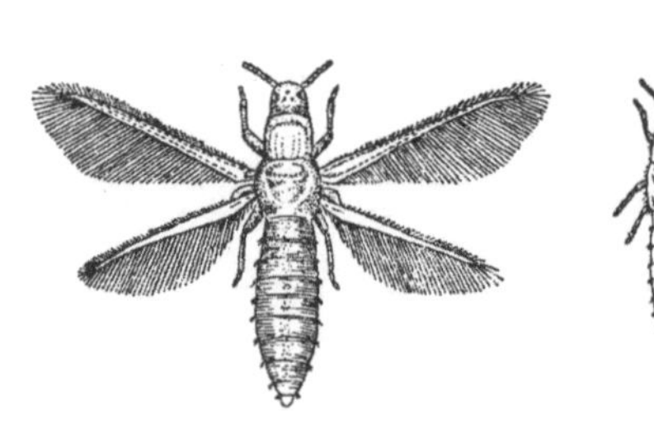

1. 成　蟲　　2. 幼　蟲

圖11-10　薊　馬

導致蘭葉表面出現許多小白點或灰白色斑點，影響蘭花生長，降低觀賞價值。

花序被危害時，生長畸形，難以正常開花或花朵色彩暗淡。薊馬一年可發生8～10代。成蟲或幼蟲在蘭花葉腋和土縫中越冬。每年3月份開始活動，進入5月後危害最重，一直到晚秋。成蟲怕光，白天多隱藏，夜晚活動。夏季孤雌生殖，秋冬季才進行兩性生殖。

【防治方法】

（1）每年3月上旬薊馬開始活動時即要注意噴藥，5～6月份新芽生長期以及花蕾期，各噴2次，每7～10天一次。

（2）薊馬生活在花蕾、葉腋內，噴藥時要特別注意這些地方，全面噴施。冬季噴藥還要注意土縫，以殺死越冬薊馬。

（3）噴施的藥劑可選擇有內吸、薰蒸作用的藥物，如50%辛硫磷乳劑1200～1500倍液，或40%氧化樂果乳劑1000～1500倍液等，一般1週1次，重複3～5次。噴施殺蟲劑時，還可混以酸性殺菌劑和磷酸二氫鉀、尿素等葉面肥，這樣殺蟲、殺菌、追肥同時進行，可謂一舉三得。

五、粉　虱

粉虱（圖11-11）蟲體較小，成蟲體長1～1.5mm，淡黃色，全身有白色粉狀臘質物，通常群集於蘭株上，在蘭棚通風不良時易發生。常危害蘭花的新芽、嫩葉與花蕾，危害時以刺吸式口器從葉片背面插入，吸取植物組織中的汁液，傳播病毒，使葉片枯黃，並常在傷口部位排泄大量

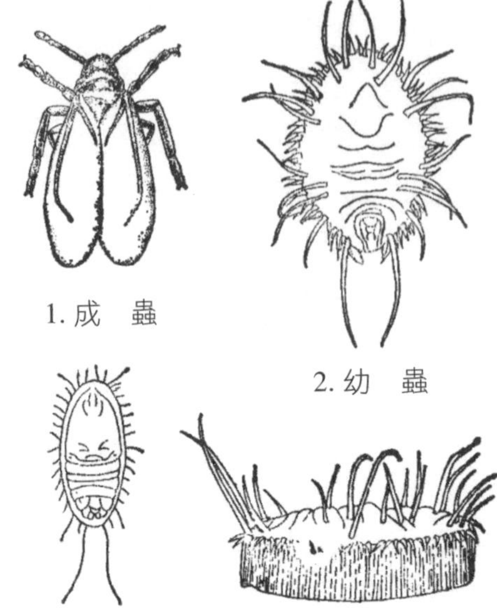

圖 11-11　粉　虱

蜜露，造成煤汙並發生褐腐病，甚至引起整株死亡。粉虱由於繁殖力強，在溫室內一年內可繁殖 9～10 代，並有世代重疊，在短時間內可形成龐大的數量。

【防治方法】

（1）清除蘭場雜草枯葉，集中燒毀，消滅越冬成蟲和蟲卵。

（2）利用粉虱對黃色敏感，具有強烈趨性的特點，用硬紙板裁成規格為 100×20cm 的紙板，塗成黃色或橙黃色，然後刷上黏油，每 $20m^2$ 放置一塊，用來誘粘粉虱。當板上粘滿蟲時，要重塗一遍黏油。

（3）在幼蟲期抓緊用藥物防治。因為粉虱成蟲身體上有白色蠟質粉狀物，成蟲期藥劑不易滲入其體內。常用 2.5%溴氰菊酯 2500～3000 倍液，或 10%二氯苯醚菊酯，或 20%速滅殺丁稀釋 2000 倍液，或 25%撲虱靈可濕性粉劑 2000 倍液，也可用 40%氧化樂果，或 80%敵敵畏，或 50%馬拉松乳劑 1000～1500 倍液，每 7～10 天噴灑 1 次，連續噴施 2～3 次。

六、小地老虎

1. 成　蟲

2. 幼　蟲

圖 11–12　小地老虎

小地老虎別名黑土蠶、黑地蠶（圖 11–12）。成蟲體長 16～23mm，深褐色。卵為半球形，乳白色至灰黑色。老熟幼蟲體長 37～47mm，體黑褐色至黃褐色。地栽蘭在幼芽出土後，常有小地老虎於夜間蠶食幼芽、嫩葉。小地老虎一年發生 4 代。5 月上、中旬為危害盛期。管理粗放、雜草多的蘭圃受害嚴重。小地老虎的發生與環境有密切關係，土壤濕度大，雜草多，有利於幼蟲取食活動。

【防治方法】

（1）清除雜草：

在 3 月中旬至 4 月中旬，及時除草，可減少成蟲產卵數量。減少幼蟲食物來源。

（2）誘殺成蟲：

成蟲對糖、醋和發酵和糖漿趨性很強，夜出活動，趨光性強。可在每年 3 月成蟲羽化期利用黑光燈、糖漿液誘殺。

（3）捕捉幼蟲

對大齡的幼蟲，可於每天清晨扒開被害蘭株周圍的表土，進行人工捕殺。

（4）藥劑防治：

將新鮮青菜葉切碎，加上炒熟的麩皮，用 90%敵百蟲

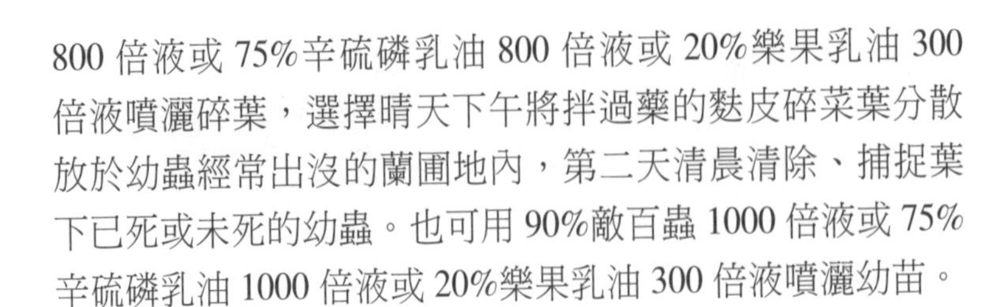

800倍液或75%辛硫磷乳油800倍液或20%樂果乳油300倍液噴灑碎葉，選擇晴天下午將拌過藥的麩皮碎菜葉分散放於幼蟲經常出沒的蘭圃地內，第二天清晨清除、捕捉葉下已死或未死的幼蟲。也可用90%敵百蟲1000倍液或75%辛硫磷乳油1000倍液或20%樂果乳油300倍液噴灑幼苗。

七、潛葉蠅

潛葉蠅（圖11-13）幼蟲呈蛆狀，白色，體長3mm左右，成蟲多在早春出現。危害時，成蟲產卵於葉緣組織內，蟲卵孵化後發育成幼蟲，幼蟲以潛食葉片上下表皮間的葉肉為主，在葉片上形成曲曲彎彎的蛇形潛痕，呈隧道狀。成蟲的取食和產卵孔也造成一定為害，影響光合作用和營養物質的輸導。它不僅破壞葉片組織，使蘭花失去觀賞價值，而且被破壞的部位還易產生黑腐病，從而導致整個葉片甚至全株腐爛死亡。潛葉蠅一年發生多代，5～10月為害最嚴重。

1. 成　蟲

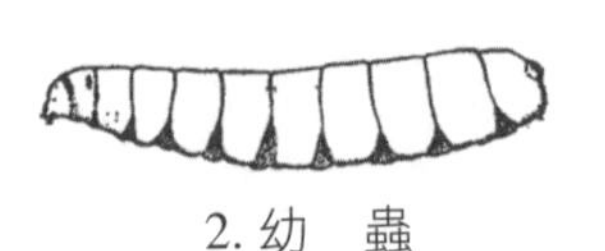

2. 幼　蟲

圖11-13　潛葉蠅

【防治方法】

（1）少量發生時可以用針尖將幼蟲挑出，較嚴重時要及時摘去蟲葉，並進行銷毀。

（2）在幼蟲初潛葉危害時噴灑40%氧化樂果乳劑1000倍液，或50%倍硫磷乳劑1500倍液，或50%敵敵

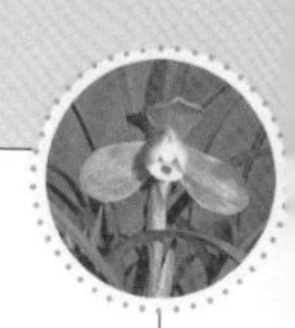

畏乳劑 1000 倍液防治，每 7～10 天次，連續 3 次。幼蟲化蛹高峰期後 8～10 天噴灑下列藥劑防治：48%樂斯本乳油 1000～1200 倍液，或 1.8%愛福丁乳油 2000～3000 倍液，或 5%抑太保乳油 1500～2000 倍液，或 1.8%蟲蟎光乳油 2000～3000 倍液，或 5%銳勁特膠懸劑 2000～2500 倍液，或 75%滅蠅胺可濕性粉劑 2000～3000 倍液，或 40%蟲不樂乳油 600～800 倍液，或 40%超樂乳油 600～800 倍液等。

八、毛蟲類

毛蟲類（圖 11-14）為蝶類或蛾類的幼蟲。種類非常多，但都具有咀嚼式口器，它們啃食蘭花的新芽、新根、新葉及幼嫩的花序、花蕾、花瓣等組織，一般經其危害過的部分，難以恢復原狀，危害性大。

【防治方法】

（1）對各種毛蟲的防治要以預防為主，首先要清除盆面或蘭場周圍的雜草，不讓蟲卵有存身場所。

（2）利用成蛾有趨光性的習性，可結合防治其他害蟲，在成蟲發生盛期，設誘蟲燈誘殺成蟲。白天要驅趕和捕殺飛入蘭棚的蝶類，防止其產卵。

（3）在幼蟲為害期噴灑 80%敵敵畏乳油

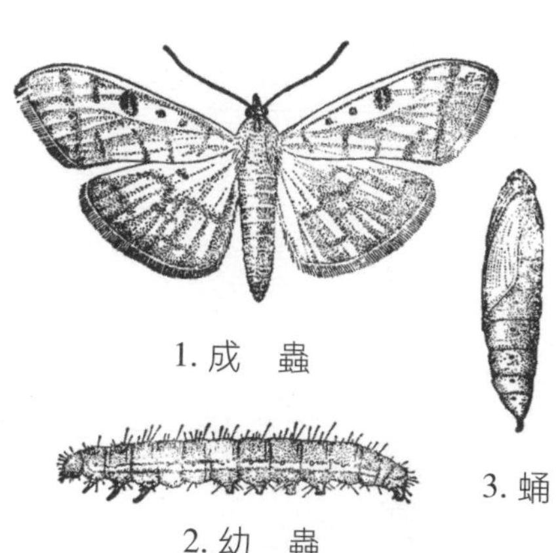

圖 11-14　毛蟲類（蘭花葉螟）

圖 11-15　蟑　螂

1000～1500 倍液，或 10%氯氰菊酯乳油 2000 倍液，或 2.5 溴氰菊酯乳油 2500～3000 倍液，或 40%氧化樂果乳劑 1000 倍液，或 50%敵敵畏乳劑 1000 倍液。

九、蟑　螂

蟑螂（圖 11-15）分為家蟑螂和野地蟑螂。蟑螂常從盆孔鑽入蠶食味甜質嫩的蘭根尖。它們危害蘭花的根尖、嫩芽。白天一般躲在蘭盆中或藏於什物間，夜間出來活動。

【防治方法】蟑螂繁殖能力強，抗藥性較大，一般以預防為主。首先要防止其藏在蘭盆中，可在盆底墊一層細孔塑紗網防止蟑螂進入，已經發生時，可將整盆浸入濃度為 1000 倍液的氧化樂果中 5 分鐘殺死蟑螂。另外，可採用硼酸加白糖配製成糊狀誘殺，還可採用滅蟑靈等藥劑噴殺。

十、螞　蟻

圖 11-16　螞　蟻

螞蟻（圖 11-16）對蘭花的危害主要表現在經常在蘭盆中作巢，對蘭花的根、莖與葉片生長會造成傷害。

【防治方法】可用 80%的敵敵畏 800 倍液澆灌盆底蟻巢，或用其噴施蘭株進行防治。也可選用 50%敵百蟲乳油 1000 倍液浸沒蘭盆以殺滅。還可選用 80%敵百蟲可溶性粉劑，以 1：10

的劑量，拌花生米碎、砂糖，製誘餌撒施於盆面誘殺。如果是場地或畦蘭發現有螞蟻爬行，要追蹤其巢穴，用開水淋灌。

十一、蝸牛和蛞蝓

蝸牛和蛞蝓（圖 11–17）屬軟體動物，蝸牛有一硬質保護殼，蛞蝓無殼。這兩類動物白天多藏在無光、潮濕的地方，夜間出來活動，特別是在大雨過後的凌晨或傍晚成群結隊出來啃食蘭花幼根、嫩葉與花朵。因其食量較大，常常一個晚上就能把整株蘭花小苗吃光。

蝸牛和蛞蝓爬過時，在蘭株葉片會留下光亮的透明黏液線條痕跡，影響蘭花的觀賞價值。蝸牛和蛞蝓冬季低溫時常躲藏於石頭間隙及盆中空隙中。

【防治方法】

（1）人工捕殺和誘殺：

平時注意蘭室內的清潔衛生，及時清除枯枝敗葉，一旦發現就及時捕殺。夏季多發季節可採取藥物誘殺，常用藥物是 300 倍液多聚乙醛、50g 蔗糖、300g 5%砒酸混合，拌入炒香的豆餅粉 400g，製成毒餌，撒在它們經常活動的地方。

1. 蝸　牛

2. 蛞　蝓

圖 11–17　蝸牛和蛞蝓

（2）地面撒藥：

在蘭株周圍撒一薄層石灰或五氯酚鈉消滅蟲源，或

在蘭花根際周圍潑澆茶子餅水，或在介質表面撒上8%滅蝸靈顆粒劑、6%聚乙醛顆粒、5%的食鹽水等。

十二、蚯　蚓

蚯蚓在地栽花卉中對疏鬆土壤、提高土壤的肥力有利，但在花蘭的盆栽過程中由於吞食蘭株幼根，或在鑽洞和來回潛動的過程中損傷蘭株的幼根，會造成蘭株生長停滯。

【防治方法】

（1）在種植前用50%辛硫磷800～1000倍液淋灌植蘭場地，淋灌後用塑膠薄膜覆蓋12小時悶殺。

（2）將油茶、油桐渣餅搗碎，在蘭畦基土上密撒一層，然後填鋪培養基質。也可用渣餅碎粒浸泡液稀釋20倍，淋澆盆蘭或畦地蘭。

十三、線蟲

1. 雌　蟲　　2. 雄　蟲

圖11-18　線　蟲

線蟲（圖11-18），也稱蠕蟲。它的體形較小，長不及1mm。雌蟲梨形，雄蟲線形。它常寄生於蘭根，致使根體形成串珠狀的根瘤，小者如米粒，大者如珍珠（根瘤中的白色黏狀物就是蟲體與蟲卵）。

受害的葉片，常出現

黃色或褐色斑塊，日漸壞死枯落；受害之葉芽，多難發育展葉；受害的花芽，往往乾枯或有花蕾而不能綻放。線蟲在土壤中越冬，常於高溫多雨季節從蘭根入侵寄生為害。

【防治方法】

（1）物理消毒：

最經濟簡便又富有實效的方法是夏季在混凝土地面上反覆翻曬培養土，利用高溫殺死線蟲。在無日光可曬的情況下，可用高壓鍋高溫消毒。

（2）藥劑消毒：

可用 40%氧化樂果 1000 倍液，或 80%二溴氯丙烷乳油 200 倍液澆灌盆土；還可選用 3%　喃丹顆粒劑於盆緣處撒施 3～5 粒，或每 50kg 培養基質中拌入 250g 5%甲基異柳磷顆粒劑防治。

十四、老　鼠

老鼠對蘭花的危害主要表現在啃食蘭花幼苗、中苗甚至大苗，以及花芽、花穗、花苞，甚至開花株的假鱗莖，影響蘭株的生長，造成減產或影響觀賞價值。

【防治方法】

（1）器械滅鼠：

利用捕鼠器械如捕鼠夾、鼠籠、套扣、壓板、鐵刺、電子捕捉器等器械進行滅鼠。其優點是對環境無殘留毒害，滅鼠效果明顯，是目前室內廣泛採用的滅鼠方法。缺點是費工、成本高、投資大。現有的器械有百餘種，器械滅鼠也講究科學技術，如安放鼠籠（夾）要放在鼠洞口，應與鼠洞有一定距離，有時用些偽裝；鼠籠上的誘餌要新

鮮，應是鼠類愛吃的食物。

（2）藥劑滅鼠：

藥劑滅鼠是用滅鼠藥製成配製成新鮮的毒餌在蘭園裏投放，誘使老鼠咬食、中毒而亡。滅鼠的藥劑包括胃毒劑、薰殺劑、驅避劑和絕育劑等。主要品種有溴敵隆、大隆、殺鼠迷、殺鼠靈、敵鼠鈉鹽、殺它仗等。其優點是投放簡單、工效高、滅效好、見效快，是目前大面積控制鼠害普遍使用的一種滅鼠方法。缺點是易污染環境，如果滅鼠藥使用不慎或保管不當，易引起人、畜中毒。

毒餌要投放於鼠洞附近和老鼠經常出沒的地方，室內每 15㎡投餌 20～30g，每堆 5～10g。投餌量的多少視鼠密度高低而增減，鼠多處多投，鼠少處少投，無鼠處不投。為保證滅鼠效果，應做到藥量、空間、時間三飽和，投餌後發現已被全部取食時，應補充投餌以求鼠類種群均能服用致死毒餌量。

（3）藥劑驅避：

選用二硫代氨基甲酸鹽類保護性殺菌劑「福美雙」（賽歐散、秋蘭姆）500 倍液噴施蘭株、蘭場。既可防治霜黴病、疫病、炭疽病、立枯病、猝倒病、白粉病、黑粉病、黑星病、褐斑病、腐爛病、根腐病等多種菌病害，又可有效地驅避老鼠、兔、鹿、甲蟲等動物的為害。在蘭場周圍、蘭架下的場地噴施藥液，也有驅避的作用。

（4）生物防治：

生物防治是指利用鼠類的天敵捕食鼠類或利用有致病力的病源微生物消滅鼠類以及利用外激素控制鼠類數量上升的方法。目前家庭防鼠主要是養貓。

第十二章
主要國蘭的栽培要領

蘭花栽培技術有其共性，但也有個性。不同的蘭花種類和品種，因其自然分佈不同，長期生長的環境有所不同，各自所形成的習性也就有差異。因此在人工栽培蘭花時，應當針對各種蘭花對環境條件的不同要求，採取不同的栽培措施，滿足所栽培蘭花的生長發育條件，才能達到蘭花年年開的目的。

第一節　春蘭栽培要領

春蘭屬半陰性喜肥植物。葉芽 5 月下旬至 6 月下旬出土（秋季 8 月中旬也有葉芽出土，但當年不能完成生長），6 月中旬至 7 月上旬陸續開展葉片，生長逐漸加快。到 10～11 月份時，葉片不再增長。

花芽出土時間在 8 月下旬至 9 月下旬，生長至 2～3cm 時，暫停生長，進入休眠期。到 1 月中旬至 2 月中旬（少數在 2 月下旬至 3 月上旬）花莛很快伸長而開花。

一、栽培場所

春蘭要求「濕潤、散光、通風」的環境條件。最好在蘭棚內栽培，栽培地點要求通風透光，具遮陰設施，防止烈日暴曬、乾燥和煤煙；環境要整齊、清潔。

圖 12–1　植料過篩

二、栽種技術

選用排水通暢的蘭盆，切忌盆內積水。盆土宜用腐葉土或山泥，再摻入 1 / 3 的河沙，也可用腐殖土 4 份、草炭土 2 份、爐渣 2 份和河沙 2 份等混合配製。植料要過篩分出粗、中、細三類（圖 12–1）。種植時先在盆底部的氣孔上，蓋一層窗紗，以防螞蟻鑽入做窩而蠶食蘭根，之後在窗紗上再放疏水透氣罩或者鋪蓋 2～3 層碎瓦片。然後將蘭花放入盆中，理順蘭根並漸漸加土，先粗後細加至根莖部，並成為饅頭形時止。最後澆足水，放置室外暖和的半陰處。

三、光照條件

春蘭怕強光直射，在散射光下生長良好。夏、秋季遮陰度為 70～80%，春季遮陰度為 50～60%，冬季遮陰度為 20～30%甚至全光照。可用黑色塑膠遮陰網進行調節。夏、秋用二層遮陽網，春、冬用一層即可。

四、溫度條件

春蘭較耐寒，冬季短期在積雪覆蓋下對開花也毫無影響。冬季室內溫度 0～–2℃也能安全越冬，但以 3～7℃為宜，因為春蘭要經過 2～5℃、3～5 週時間的春化階段才能開花。夏季需要遮陰、噴水降溫，因為氣溫 30℃以上葉片便停止生長。

在我國沒有明顯冬寒的地區，要春蘭能年年順利開花的關鍵，在於休眠期給它創造一個低溫的春化條件，完成春化期。然後轉入正常管理，便可正常開花。

在我國的最南方地區，冬季氣溫仍然高於10℃以上。給春蘭春化處理的方法是：一般於12月下旬的「冬至」，把春蘭植株移至完全沒有自然光照，也沒有燈光的通北風的窗口下，20～30天就可以了。如果這個自然環境的氣溫仍然高於10℃的，只好把蘭株放入冰箱的最下層，讓氣溫保持在5℃以下，零度以上，20天後移出正常管理，便可順利開花。

五、濕度條件

春蘭喜濕潤，生長期的空氣濕度應保持在75%～80%，一般情況下保持在60%～70%，冬季休眠期的空氣濕度保持在50%左右。在夏秋高溫時，盆栽的春蘭最好放置在簾子或樹蔭下，並增加地面噴水次數，以增加環境濕度。

六、澆水技術

平時使盆土保持濕潤；冬季休眠期盆土應偏乾忌濕；在芽和葉片生長期間，盆土保持微濕潤為好。在一般情況下，晚春可半個月澆水一次，夏季晴天每週澆水一次，秋季10天澆水一次，冬季及早春可一個多月澆一次水。

七、施肥技術

要薄肥勤施，切忌施入濃肥或未經發酵腐熟的生肥。除第四章介紹的肥料種類以外，在江南水鄉，肥料可用田

螺 500g，加開水 500g，浸泡後，裝入塑膠壺密封漚製，經一年漚製後，摻水 50 倍稀釋使用。一般在 5～9 月份，每月施入上述薄肥 1～2 次。

第二節　蕙蘭栽培要領

蕙蘭喜光稍耐陰，葉芽 5 月上旬至下旬出土（秋季 7–8 月也有葉芽出土，但當年不能完成生長），5 月下旬至 7 月[illegible]旬展葉，7～10 月份為葉片伸長期。10～11 月份葉片停止增長。花芽出土時間在 9～10 月份，生長至 2～3cm 後，暫停生長，大約休眠 5 個月，要到 3 月中旬至 4 月（晚花期至 5 月上旬）花莛伸長而開花。

一、栽培場所

蕙蘭要求「光足、濕潤、涼爽、通風」的環境條件。栽培地點要求通風條件好，具遮陰設施，最好在蘭棚內種植。盆栽要有蘭架。

二、栽種技術

蕙蘭要用深盆、大盆深栽。一是因為蕙蘭假鱗莖較小，腳甲高，栽得深一點不會爛芽爛苗。實踐中深栽比淺栽的蕙蘭長得好，發的新苗壯，容易起花。二是蕙蘭的根粗壯又長，一般養春蘭的小盆不能滿足蕙蘭的生長需要，故要採用較深大的蘭盆，且多叢栽一盆。栽種前花盆要清洗，新盆要浸泡退火（圖 12–2）。栽種時選用原產地林下的腐葉土 5 份，沙泥一份混合作為栽培基質。也可用腐殖

土 4 份、草炭土 2 份、爐渣 2 份和河沙 2 份等混合配製。

栽時將蘭根放在消毒液中消毒，取出晾乾後，先在蘭盆內放一定較粗的底土，然後用一隻手握放好蘭株，另一隻手邊加植料，邊搖盆體，待植料加到一定程度時，用手指輕壓蘭盆周圍的土，保持盆土疏鬆，有利於蘭根儘快恢復正常生長。

圖 12-2　花盆清洗退火

三、光照條件

蕙蘭較喜光，在光照充足的環境中，植株生長健壯，葉片直挺有神，且富有光澤；光照不足，則植株軟弱、葉片細長、下垂、無光澤、開花數減少。但夏天不宜強烈的直射光線，一般夏季以一層透光率 50%～60%遮陽網遮陰較好。冬季透光率可保持 80%或全光照。

四、溫度條件

蕙蘭較耐寒，只要冬季注意將蘭室門窗關閉，適時用進排風設施通風，保持蘭室的溫度和濕度，不需加溫，也不必加草苫，因為蕙蘭也要經過 5℃左右、3～5 週時間的春化階段才能開花。

夏季在棚上 60cm 處加一道透光率 50%～60%遮陽網防曬降溫，將溫度控制在 30℃以下，夜間開窗自然通風，滿足溫差需求，這樣蕙蘭葉面不發斑、不易燒尖。

五、濕度條件

蕙蘭較喜濕潤，生長期的空氣濕度可保持在 70%～85%，一般情況下保持在 60%～70%，冬季休眠期保持在 50%左右。在夏秋高溫時，可向葉面噴水，並增加地面噴水次數，以增加環境濕度。

六、澆水技術

注意在 3 月份要扣水，讓盆土乾透，這樣能促進新芽萌發。一般蘭花在 7 月扣水能逼花芽，蕙蘭在 3 月扣水發苗率更高。平時盆土保持濕潤即可，注意秋季不可缺水，冬季要相對乾燥。

七、施肥技術

除正常施肥以外，對新栽蕙蘭植株，在新根未生出前一週可向葉面噴灑 800 倍液磷酸二氫鉀，生根後每半月噴一次，常年不間斷。這樣可促進其葉芽和花芽分化。

第三節　建蘭栽培要領

建蘭喜光耐旱不耐寒，葉芽 2 月下旬至 3 月中旬出土，4 月下旬至 5 月中旬開始展葉，6 月份以後進入葉片伸長期。10 月份葉片停止增長。

花芽出土時間在 6 月上旬，花莛出土後逐漸伸長，經 25～30 天即可陸續開花，開花期一般在 7～9 月份。

一、栽培場所

建蘭要求「溫暖、濕潤、光足、通風」的環境條件。栽培地點要求光照充足，通風條件好、水源清潔，蘭棚敞亮，具遮陰、通氣、防風設施。

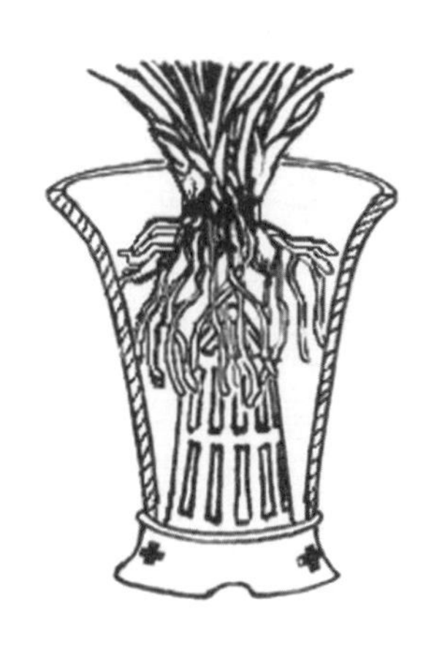

圖 12-3 蘭株入盆示意

二、栽種技術

建蘭喜酸性土，要選用以腐葉土為主料的酸性培養土栽植。
栽時要根據建蘭喜叢植的特點，視花盆大小，以 8～13 株一盆為宜。先將疏水透氣罩放入蘭盆，再選蘭苗 3～4 叢，呈三角形或梅花形放置（圖 12-3）。

然後，一手扶葉，一手添腐葉土，添土至根部一半，將蘭苗輕輕往上提，目的是使根系舒展，添土至根際部時，根據根的長度、盆的高度確定提起的高度，至假鱗莖略高於盆面位置時為好，同時搖動花盆，讓泥土與根緊密相連，再輕輕壓實。種好後，不要急於澆水，隔 1～2 天再澆定根水，置於蘭棚內正常養護。

三、光照條件

建蘭喜光但怕強光直射，在散射光下生長良好，具半陰性的特性。夏、秋季光照強烈，可用黑色塑膠遮陰網，控制 50%～70%的遮陰密度，春、冬季可以全光照或掌握 30%～40%的遮陰密度。

四、溫度條件

建蘭生長的溫度範圍較廣，最適溫度 18～22℃，冬季一般適合在 14℃以下，5℃以上的溫度下休眠。低於 2℃時要注意防霜凍，以防凍傷。

在夏季，氣溫超過 30℃便會停止生長。所以，高溫期要由遮陰、噴霧等方法，將白天溫度調控在 28℃以下，夜間溫度調控在 18℃以下，以確保蘭株的正常生長。

五、濕度條件

建蘭較喜濕潤，生長期的空氣濕度可保持在 60%～70%，冬季休眠期保持在 50%左右。在夏秋高溫時，可採取遮陰、向葉面和地面噴水的方法來增加環境濕度。

六、澆水技術

建蘭喜濕潤而忌水漬。用蘭花泥為主料栽植的，要「寧乾勿濕」，用無土栽培法栽植的，由於粗植料保水性能差，要堅持「寧濕勿乾」的原則。具體澆水量應根據季節、天氣、苗情而定。儘量做到盆土潮潤而不濕，微乾而不燥。

七、施肥技術

建蘭施肥可以根據一年中植株生長情況而定，總的原則是淡肥勤施。在春季回暖時可施「催蘇肥」，多用「施達」500 倍液或「花寶」4 號 1000 倍液噴灑葉面；在施催蘇肥後的 3 週後，可用同樣的方法噴施一次「催芽肥」；當葉芽出土後可用磷酸二氫鉀 1000 倍液噴施「促花肥」；

在5月上旬可用腐熟的人尿100倍液澆施一次「助長肥」；在開花期可用「高樂」500倍液噴施葉面作為「坐月肥」。

第四節　墨蘭栽培要領

墨蘭喜蔭濕不耐寒，葉芽3月中旬至5月中旬出土，5月下旬至6月下旬展葉，7月至10月為葉片伸長期，以7～9月生長最快，11月以後葉片基本停止生長；花芽出土時間在8月中旬至10月，秋花型的墨蘭較早，報歲型的墨蘭較晚。花芽在9–12月份繼續生長，大約休眠1個月後，於9月下旬至2月開花。

一、栽培場所

墨蘭屬半陰性植物，要求「溫暖、濕潤、散光、通風」的環境條件。栽培地點要求通風好，光照充足，具遮陰、保暖、噴霧等設施。

二、栽種技術

腐殖土是栽培墨蘭的優良盆栽用土。在北方栽培墨蘭，一般都用腐葉土5份，沙泥一份混合而成。也有用腐殖土4份、草炭土2份、爐渣2份和河沙2份等混合配製。種植前先在盆底排水孔上面蓋以大片的碎瓦片，並鋪以窗紗，接著鋪上山泥粗粒，即可放入蘭株（蘭株根系的分佈要均勻、舒展，勿碰盆壁），然後往盆內填加腐殖土埋至假鱗莖的葉基處（圖12–4）。並在泥表面再蓋上一層白石子或翠雲草，既美觀又可保持表土濕潤。接著用盆底

圖 12-4　填腐殖土

滲水法使土透濕後取出，用噴壺沖淨葉面泥土，放置蔽蔭處緩苗，一週後轉入正常管理。

三、光照條件

墨蘭較耐陰，在散射光下生長良好。夏、秋季遮陰度為 60～70%，春、冬季可以全光照或用黑色塑膠遮陰網進行光照調節，遮陰度為 50%。

四、溫度條件

墨蘭與冬季怕暖的春蘭正好相反，冬季喜暖怕冷。冬季蘭棚內的溫度要求白天有 10℃以上，夜間有 5℃以上的溫度。如果溫度低於 2℃，花莛、花蕾發育受阻，易被凍爛；溫度低於 0℃時，基質偏濕，空氣濕度高，將會全株被凍爛。所以在酷寒地區需要密切注意保溫防凍。由於我國酷寒地區冬季居室多有採溫設施，一般把它移入居室內避西北冷風襲擊便可。

墨蘭的生長最適溫度為 20～28℃，在夏、秋季節要用遮陰和噴霧的方法降溫，以確保墨蘭的正常生長。

五、濕度條件

墨蘭喜濕怕乾，生長期的空氣相對濕度要保持在 65%～85%，冬季休眠期也應有在 50%左右。在夏秋季節，高溫容易引起空氣乾燥，要多向地面噴水，還要噴霧增加空氣濕度，同時注意蘭棚的遮陰降溫。

六、澆水技術

平時保持盆土濕潤即可，不要澆水過勤，切忌盆內漬水。用噴壺給墨蘭澆水時，不要將水噴入花蕾內，以免引起腐爛。夏季切忌陣雨沖淋，必須用薄膜擋雨。

澆水時間，夏秋兩季在日落前後，入夜前葉面乾燥為宜。冬春兩季，在日出前後澆水最好。

七、施肥技術

墨蘭施肥「宜淡忌濃」，一般春末開始，秋末停止。施肥時以氣溫18℃～25℃攝氏度為宜。有機肥或無機肥均可，陰雨天均不宜施肥。生長季節每週施肥一次，秋冬季墨蘭生長緩慢，應少施肥，每20天施一次，施肥後噴少量清水，防止肥液沾汙葉片。施肥必須在晴天傍晚進行，陰天施肥有爛根的危險。

第五節　寒蘭栽培要領

寒蘭喜蔭濕不耐寒，葉芽4月下旬至5月上旬出土，6月中旬展葉，6月下旬至10月為葉片伸長期，以7～10月初生長最快，10月中旬以後葉片逐漸停止生長；花芽出土時間在9月下旬，出土後花莛即繼續伸長，至11月中旬開花。但夏花型的夏寒蘭，花期在6～7月份。

一、栽培場所

寒蘭屬半陰性植物，要求「暖和、濕潤、散光、通

風」的環境條件，特別需要空氣清新、無污染的生長環境。栽培地點要求通風好，具遮陰設施。

二、栽種技術

栽種時選擇高腳紫砂蘭盆，消毒後先放入疏水透氣罩，然後盆底三分之一用粗顆粒的磚塊墊底，中部以腐殖土、粗木屑、植金石、磚粒拌和至盆三分之二，上部以米粒大小的風化石、磚粒拌和少量腐殖土即可。

摻有一定數量山泥（腐殖土）的混合料所養的寒蘭長勢最好，較適合栽培寒蘭的植料配方：塘基石或植金石（也可用其他硬植料或河沙代替）40%、山泥（最好是蘭花原生地的黑色腐殖土）35%、栽過食用菌的菌糠或廢木屑（經太陽曝曬或消毒）15%、蛇木（或用蕨根代替）10%混合而成。植種要求疏鬆、透氣、利水、保溫性能強。

三、光照條件

寒蘭喜陰濕。在光照強的夏秋高溫季節，要特別注意用雙層遮陽網遮陰，遮光度 80%～90%。冬春季節可以全光照養護。

四、溫度條件

寒蘭其實並不耐寒，冬季要做好防風、防凍工作。秋冬時期，要避免大風勁吹，霜凍日子應遮蓋保暖。當氣溫高於 30℃時，寒蘭會停止生長，所以夏秋高溫季節，要注意遮陰降溫。

五、濕度條件

寒蘭喜濕潤，在空氣濕度合適的情況下，葉面油亮翠綠，易養出全封尖的上等苗。在生長季節要保持白天65%～75%，夜間不低於80%的相對濕度，可採用加濕機、自動噴霧、掛水簾、地面灑水、設水池或水盆增濕等措施。但應切記濕度大時要經常保持通風。

六、澆水技術

寒蘭喜歡盆土稍乾的環境，要嚴格控制澆水。平時儘量做到盆土潮潤而不濕，微乾而不燥。無論大盆還是小盆，一般晚春8～15天澆水一次，夏季晴天4～6天一次，秋季5～10天一次，冬季及早春常常20餘天甚至一個多月不澆水。為了便於大小盆相對統一管理，可大盆多栽苗，小盆少栽苗，根系發達的用大盆、根差的用小盆。

也可用壯苗帶弱苗，珍稀名品用一般品種陪植的方式，這樣做既符合蘭花喜歡聚生的習性，積聚蘭菌利於生長，又可基本上達到大小盆的澆水週期相同。盆土以見乾見濕、澆即澆透、平時稍乾為原則。

七、施肥技術

大多數寒蘭因假鱗莖相對較小，儲存的養分有限，再加上易開花且葶高花多朵大，消耗養分較多。故栽培寒蘭熟草壯苗，換盆時最好能添加少量基肥。植料中拌入1%左右經腐熟發酵滅菌的豬糞最有利於寒蘭生長開花。但剛下山的生草，或新購草及根系不完好的弱苗切不可急於施

圖 12-5　澆施肥料

肥，否則必遭肥害。

另外，磷酸二氫鉀、蘭菌王等交替使用作葉面施肥，每 7～10 一次，新芽成長期可加適量尿素，新苗成熟期再噴 2～3 次高鉀肥促使假鱗莖增大。為了使各種養分更均衡，4～6 月份及 9～10 月份每月可增施一次稀薄有機肥，施肥時可用小水壺沿盆邊慢慢澆，不要澆到葉面上（圖 12-5）。同時要切記寧淡勿濃，防止造成肥害。也可在 4～6 月份葉面噴施含氮量高的化肥，如花寶 4 號，B_1 催芽劑等。8～10 月份噴施含磷鉀的化肥，如開花肥、花寶 3 號、磷酸二氫鉀等。

第六節　春劍栽培要領

春劍喜光較耐寒，葉芽 5 月中旬至 6 月下旬出土（秋季 8 月下旬也有葉芽出土，但當年不能完成生長），5 月中旬至 7 月上旬陸續開展葉片，生長逐漸加快。到 10～11 月時，葉片不再增長。花芽出土時間在 8 月下旬至 9 月下旬，生長至 2～3cm 時，暫停生長，進入休眠期。到 1 月中旬至 2 月中旬（少數在 2 月下旬至 3 月上旬）花莛很快伸長而開花。

一、栽培場所

春劍屬半陰性植物，要求「濕潤、散光、通風」的環

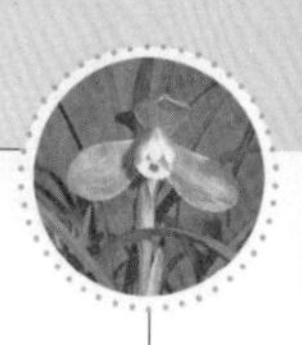

境條件。栽培地點要求光照充足、通風好、環境清潔、無污染，具遮陰、噴霧、擋風等設施。

二、栽種技術

栽植春劍原則上要用新盆，如用舊盆應當用消毒劑消毒後再使用。選擇的植料必須要求通氣，排水良好；蘭花入盆根部要向四面八方均勻展開，使每條根都能接觸植料，還要注意把新芽擺在盆的中央，將來新芽長大開花便能居中。春劍不可深植，深植基部長期潮濕會腐爛。

種植時，將植料填充根部，基部或假球莖必須露出，不可埋入植料裏面。蘭株不深植，會有蘭苗立不穩的現象，因此栽植時必須用支柱、綁線或利用吊鉤當支柱加以固定（圖 12-6）。填埋植料時要稍壓緊，正確的方法是從兩側壓實，不是從上面重壓。新苗在栽植時根部可能受傷，所以栽後要隔 3～5 天不澆水，促進新根恢復生長。栽植好的蘭株應放置於暖和而庇蔭的地點，甚至噴霧提高空氣中的濕度，直至蘭株恢復正常生長。

三、光照條件

春劍屬於半陰性植物，在生長季節怕陽光直曬，需適當遮陰。秋冬季節可去網開窗，多照陽光促其生長。5 月份除中午陽光外，可照 6 個小時；從 6 月份開始，全天候遮陰，遮陰度約為

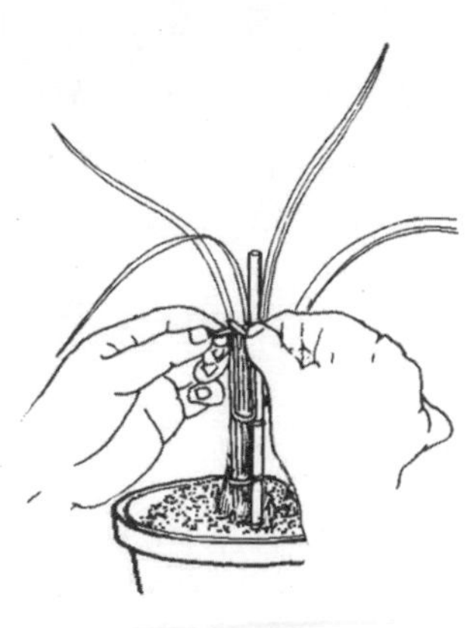

圖 12-6　綁支柱

65%～75%。「蔭多葉好，陽多花好」，10 月以後，可以不用遮陰全敞開養護，以利花芽養分積累。

四、溫度條件

春劍稍耐寒，冬季入房保持 2℃以上室溫即可安全越冬，不要特別加溫。在冬季休眠期間，春劍需要 5℃左右、3～5 週的低溫春化時間，溫度過高反而不利於開花。在晴天無風中午前後，朝南面或東南面要開窗、拉網通風。

春劍生長的最適宜溫度是 18℃～28℃，高於 35℃便會停止生長甚至出現生理性病害，所以，夏秋季高溫時節要注意遮陰、噴霧降溫。

五、濕度條件

春劍原生長在空氣濕潤的環境中，生長期需要 55%～70%的空氣濕度。所以乾旱季節裏，除蔽陰外，還必須傍晚噴霧，增加空氣濕度，降低溫度；也可向盆蘭地面（臺面）上澆水。蘭盆最好放在蘭架上，若放置在地面上，要鋪設吸水性強的紅磚，居家陽臺也可以用白鐵皮製成小水壇貯水墊上磚頭蒔養，增加濕度。

冬季空氣濕度一般保持在 50%左右。

六、澆水技術

春劍澆水以雨水和泉水為好，自來水或淘米水需隔夜使用。澆時從盆邊澆，不可澆入花苞內。澆水量應按照氣溫、盆土乾濕程度及蘭草生長情況而定。

4～5 月份新芽尚未出土，盆土宜乾一些，過濕則新芽

易腐爛；6～9 月份為春劍新葉生長期，澆水量要增加，晴天要在清晨澆水，切忌中午烈日下澆水。秋天的酌減少水量，可採用葉面噴霧水，保持盆土潤濕為好，冬季更應控制水量，保持「八成乾，二成濕」為宜。

七、施肥技術

給春劍施肥要看所選盆土及生長情況而定。新植上盆根未發全的新苗，需經 1～2 年方可施肥。在 5～6 月份當蘭花葉芽伸長約 1.5 公分時，每隔三週施一次腐熟的液肥（濃度 10%為宜）。忌用化肥，高溫季節不宜施肥，8～9 月份每隔 2～3 週施一次稀釋液肥。每次施肥宜在傍晚進行，第二天早晨要澆「還魂水」。

第七節　蓮瓣蘭栽培要領

蓮瓣蘭喜陰耐寒，葉芽 5 月中旬至 6 月下旬出土，5 月中旬至 7 月上旬陸續開展葉片，生長逐漸加快。到 10～11 月份時，葉片不再增長。花芽普遍在每年 8～9 月開始孕育，因各地氣候的關係，多數在 9～10 月份出土，經過一段時間的營養積蓄，在 12～3 月份開花。花期一個多月。

一、栽培場所

蓮瓣蘭喜歡濕潤、陰涼、通風、透氣、養分足、酸鹼適中的環境。怕接觸含油煙的氣體和有毒空氣。

栽培場所一定要空氣流通，不能窩風，產生悶熱的感覺。同時有遮陰、噴霧等設施。

二、栽種技術

使用盆缽以瓦質、泥質及紫砂的為好。上盆前必須清理一下盆底孔，然後用濾水器或凸形瓦片、蚌殼、小塊栗炭、腐朽櫟樹幹等填在盆底，約20毫米的厚度，確保根系即使水分過多時，也不會積水糟根。上盆用的基質以腐櫟葉土最好，其次是其他腐葉土。腐葉土可以從山上採集來，也可以人工腐化而成。但是全用腐葉土種植，隨著澆水和花盆的搬動，腐葉土會慢慢地下沉，植料的通透性就會逐步變差，因而出現爛根和焦尖。

較為理想的配方是60%的腐葉土加40%的顆粒植料，植料不宜過細。餘下部分的三分之二的盆內空間，用發酵過的腐葉土混合填入，並使填料與根系充分接觸。最後剩下三分之一的上部空間，用稍細一點的混合土覆蓋。盆栽時儘量避免重壓，因為腐熟的腐葉土又細膩又柔軟，如果過於壓緊，形成土粒間密度過大，吸水過多，容易造成蘭根透氣性差，致使蘭根缺氧而爛根，所以，應相對粗鬆一點，保持盆上落根就行。

具體方法是先放一定較粗放的底土，然後用一隻手握放好蘭株，另一隻手邊加料邊搖盆體，待料加到一定程度時，用手指輕壓蘭盆周圍的植料，做到既確保植料充分落根，又要保持盆上寬鬆，這樣就有利於蘭根儘快恢復正常生長。上完盆後，選一個晴天給一次定根水，最好透泡一次，再輕輕撳實盆內沿及植株周圍的土，鋪上盆面材料，如水苔、彩色小石、翠雲草等，選陰涼通風之處放置半月左右，然後再重新定位，進入正常管理。

三、光照條件

圖 12-7　遮蔭養護

蓮瓣蘭喜歡半陰半陽的環境，在生長季節，朝陽的照射效果很顯著，全天只要 2～3 小時光照就夠了，所以一般情況下都要在遮陰的環境下養護（圖 12-7）。冬春季節最好全光照栽培。

四、溫度條件

蓮瓣蘭較耐寒，在氣溫為零下 5℃以上時可以安全越冬；生長最適溫度為 16℃至 18℃，高於 35℃便會停止生長甚至出現生理性病害，低於 0 度便進入休眠期。

五、濕度條件

蓮瓣蘭在生長季節空氣濕度以 65%～75%為宜。冬季應保持 40%～50%的空氣濕度。

六、澆水技術

蓮瓣蘭養護的難點就是澆水，水分供應不正常很容易導致葉片燒尖。給蓮瓣蘭澆水的方式因季節、氣溫、日照、盆體、通風等條件的不同而不同，可靈活採用全泡、半截泡、平時澆、早晚噴霧等方法。一般採用全泡與葉面噴灑相結合的方法，半月泡一次，看盆體的實際狀況用全泡或半截泡，待腐葉土乾透時，把盆體置於水中，水面比

盆上緣低 3～4cm，浸泡 1～2 小時即可；栽種蓮瓣蘭選用的多是高腰盆，植料是腐葉土，含水量大，水分不易散發，平時要少澆水，掌握「不乾不澆，澆則澆透」的原則，使盆土上下乾濕均勻。

由於蓮瓣蘭原生地的氣溫相對較低、濕度大，平時除了澆水外，更需要噴水，以增加空氣濕度。平時每隔 3～4 天進行一次葉面噴水，以葉面剛好被水淋濕為好，不要把水淋進葉芽。泡水冬春季應在日出前、夏秋季應在日落後進行。噴水只在當天氣溫較高以及太陽快升起來以前和太陽落下去以後進行，這時氣溫和水溫相近，可避免陽光照射或高溫時向蘭葉噴水灼傷葉芽。要使盆土保持常潤的狀態，冬季可適當偏乾一點，以適應休眠的需要。

七、施肥技術

腐葉土由於營養全面並且充足，一般不需要單獨施肥，一般 1～2 年換一次腐葉土就足夠供給蘭花養分。為使蘭株更壯更美，可施以氮、磷、鉀及微量元素為主的肥類，但是施肥一定要淡，因為腐葉土裏肥足而蓮瓣蘭不需要過多的肥料。施肥一定要與季節和天氣相配合。在一年當中，可以從 3 月份開始，施肥用量由少到多，重點放在 5～9 月份進行，因為這幾個月氣溫上升快，蘭株吸收肥料隨溫度的升高而加速。9 月份以後，要遞減或停止施肥。一天當中，施肥最好選擇在晴天上午，施肥後的第二天再補給一次清水就行了。在泡盆時，適當摻進一些肥水也是一種簡便易行的辦法。春、夏兩季可選在晴天上午 10 以前，用 0.1%的液態肥對葉面噴霧施肥，每半個月一次。

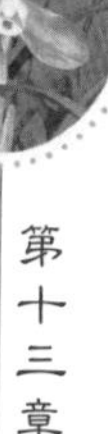

第十三章
家養蘭花的鑒賞

在我國，許多花卉都賦予深刻的文化內涵，有著相應的花語。蘭花的花語為「謙謙君子」。這是因為蘭花不但具有體態嫻雅、株形瀟灑、花形獨特、幽香清冽的特色，更具備潔身自好、剛柔大度、不媚世俗、超凡灑脫的「君子品格」。蘭花的這些特色形成了鑒賞蘭花時的品評標準，從而有了鑒賞蘭花的花形、花姿、色澤、氣味、葉態等五個方面的具體品評條件。

第一節　蘭花的花朵鑒賞

在鑒賞蘭花的五個品評條件中，「花形」「花姿」「色澤」「氣味」都體現在花上。國蘭的花形要求端莊勻稱；花姿以奇態婀娜為美；色澤以素心為貴，彩心蘭以素雅為上；氣味要求芳香、醇正、幽遠。我國傳統的賞蘭觀念認為：凡符合梅瓣、荷瓣、水仙瓣、蝶花、奇花標準的蘭花以及全素心的蘭花可稱細花，即品位較高的花。凡三萼片、二花瓣的形態呈尖而狹的雞爪形或竹葉形的花朵，都稱為行花，俗稱粗花，即平凡的品位較低的花。

一、花　形

國蘭中所說的花形是指全朵花三瓣（內三片）和三萼

片（外三片）的綜合形態。因為古代將萼和瓣都稱為瓣，因此，花形即指瓣型，其中包括萼型、捧型和舌型。

(一)萼　型

蘭花的花萼在蘭界俗稱「花瓣」；萼片的形狀、生長姿態及其脈紋與色澤，是欣賞蘭花的重要內容。國蘭傳統的名種有梅瓣、荷瓣、水仙瓣、蝶瓣等區分，這些內容在第一章裏已經作了介紹。

(二)捧　型

捧瓣位於蘭花的內輪，合蕊柱兩側的花瓣傳統稱為「捧心瓣」，簡稱為「捧」。傳統上認為以不開天窗為優，以蠶蛾捧為上品，以觀音捧為中品，其餘均屬下品。蘭花的捧形有以下類型（圖 13–1）：

1. 蠶蛾捧

花瓣（捧）著生於合蕊柱左右側，構成近似圓周形，捧端似山脊狀高聳，其緣緊扣起兜。上側端角高凸如蠶頭，下側角鈍圓，捧背弧形，恰似一對蠶寶寶初出蛹殼之形態（如圖）。此為標準之「蠶蛾捧」。梅瓣花常有此捧。水仙瓣花中也可遇見。如春蘭中的『綠英』、『榮祥梅』、『梁溪梅』、『宜春仙』等；蕙蘭中的『大一品』、『培仙』、『蕩字』、『端梅』、『崔梅』、『慶華梅』等皆為較典型的「蠶蛾捧」。

蠶蛾捧可分為軟、硬兩種。傳統認為，以質嫩軟者，形象逼真，更富有生氣而為佳；硬者呆板較次。不過硬蠶蛾捧的出現率較低。

2. 觀音捧

觀音捧俗稱觀音兜。捧瓣上側略有搭蓋，捧面內凹外

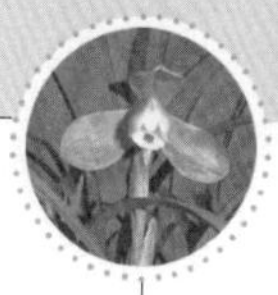

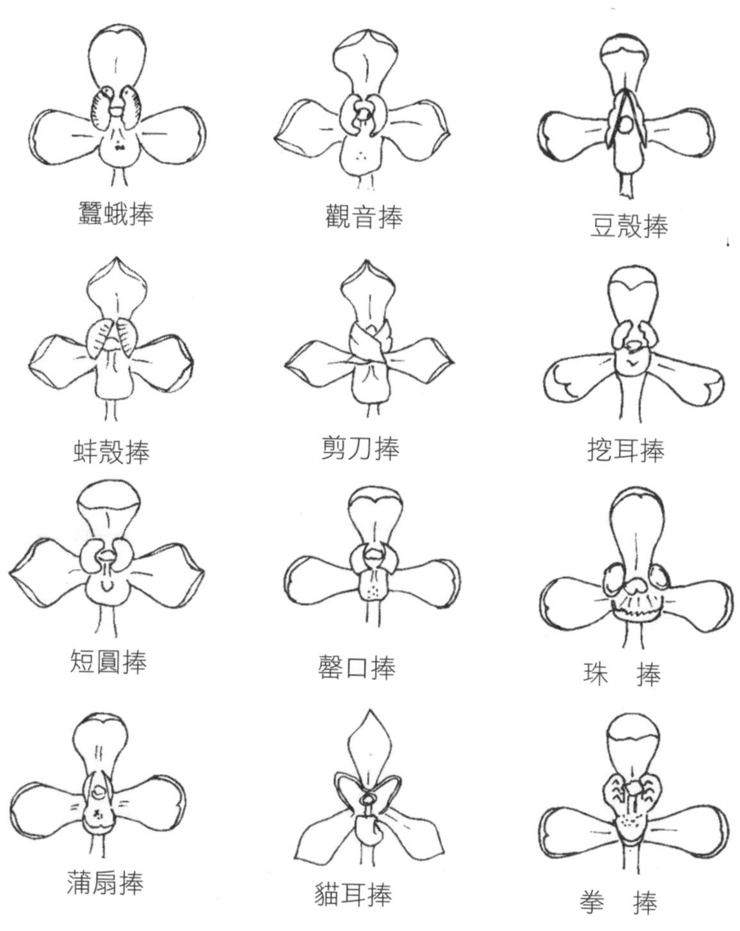

圖 13-1　蘭花的各種捧形

隆，捧端呈大兜狀裏扣，兜緣呈波浪狀的二連弧，猶如神話中觀音菩薩帽檐前的連兜形而得名。

觀音捧多出現於荷瓣花中，梅瓣花、水仙瓣花中也不乏見。如春蘭中的『龍字』、『春一品』；蕙蘭中的『老

染字』等均為典型的觀音捧。

3. 蚌殼捧

蚌殼捧因捧面下凹，捧背高隆呈圓錐形，如兩片相對的空蚌殼而為名。

春蘭中的「常熟素」「大魁荷」等；蕙蘭中的「泰素」等均為典型的「蚌殼捧」。

4. 蟹鉗捧

蟹鉗捧捧背中部隆起，尖端兜扁分叉，形似蟹的爪鉗狀，取其形似而為名。蕙蘭中的「萬年梅」為最典型的蟹鉗捧。

5. 貓耳捧

貓耳捧因花捧呈三角形，多直立狀，也有捧端略後仰呈挺立狀，頗似貓耳形而得名。春蘭中的「太極」、「梁溪蕊蝶」；蕙蘭中的「老蜂巧」、「蛾蜂梅」、「朵雲」、「赤蜂巧」等均為典型的貓耳捧。

6. 豆殼捧

豆殼捧捧背呈浪狀隆起，捧面緣起兜，尖端較鈍圓，形似被剝開一端的豆莢。此捧態的出現概率不高。蕙蘭中的「關頂」的捧形最為典型。

7. 短圓捧

短圓捧雙捧均體短形圓，捧背弧大，捧緣呈內扣狀。如春蘭中標準荷瓣花「鄭同荷」，就是標準的短圓捧。

8. 剪刀捧

煎刀捧捧體較長，如剪刀片那樣基寬端尖的長三角狀，捧瓣在合蕊柱前呈摟抱狀，端部搭蓋交叉，頗似剪刀態，而為名。春蘭中的「文團素」；蕙蘭中的「華字」、

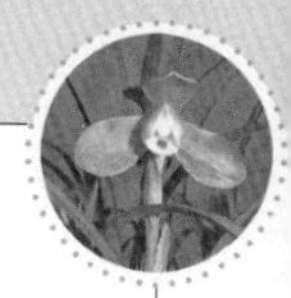

「赤團子」均為典型的剪刀捧。

9. 罄口捧

罄口捧呈圓弧形的花瓣分居於合蕊柱後之左右側，形成開天窗式，構成如古代打擊樂器「罄」口的形狀。依其形而名為「罄口捧」。此類捧態出現概率也不太高。春蘭中的「蓋荷」；蕙蘭中的「翠蟾」、「冠群」，均為典型的罄口捧。

10. 蒲扇捧

蒲扇捧分居於合蕊柱左右側的花瓣體短、呈橢圓形，其捧背僅略有弧隆，因其形似蒲扇而稱為蒲扇捧。如春蘭中的「西神梅」、「東萊」等，均為典型的蒲扇捧。

11. 挖耳捧

挖耳捧捧端呈 90 度起兜，形似挖耳勺狀，依其形似而得名。春蘭中的「汪字」「逸品」等，均為典型的挖耳捧。

12. 珠　捧

珠捧捧瓣硬變成珠狀，如建蘭中的「金魚梅」；蕙蘭中的「樓梅」、「楊梅」等，均為典型的珠捧。

13. 拳　捧

拳捧捧瓣高度硬變，形似緊握之拳狀。春蘭中的「湖州第一梅」「胭脂梅」；墨蘭中的「南國紅梅」，均為典型的拳捧。

(三)舌　型

蘭花唇瓣的形態，豐富多彩，令人賞心悅目。古人認為舌以短圓、端正為上品；尖狹、歪生為劣品。凡在捧心內不舒者的平舌、偏在一側的歪舌、舒而不捲的拖舌等為

次品；凡舌與鼻粘連在一起的為劣品。舌的顏色則以淡綠、白色為好。春蘭、建蘭、寒蘭、墨蘭以白色為貴；蕙蘭以綠色為貴。古人經過長期的篩選、歸類和推敲，命名了 10 餘種舌型（圖 13–2）。

1. 如意舌

「如意」原指古代象徵吉祥，頭如靈芝形的工藝品，蘭藝家借用其意，將緣似靈芝、緊貼合蕊柱的唇瓣命名為

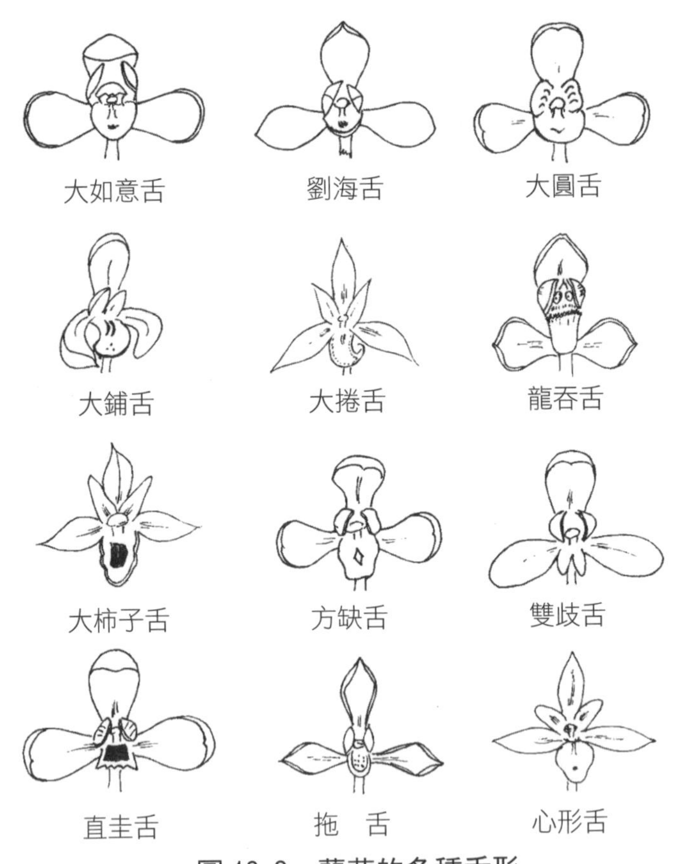

圖 13–2　蘭花的各種舌形

「如意舌」。如意舌的唇瓣與蕊柱同向，正中著生，緊貼蕊柱，形態端莊，舌型橢圓，或臼扁圓、稍長圓；面凹背隆，緣縮厚起；質厚而堅硬；其態略下傾，但不向後捲，有的呈上舉狀。

如意舌可有 3 種形態：小如意舌，形短而面窄，端尖圓；大如意舌，形長而面寬，端鈍圓；三角如意舌，基粗端狹，端緣略上翹而現微兜。如春蘭中的「綠英」（大如意舌）、「鴛湖第一梅」（小如意舌）、「瓊仙」（三角如意舌），建蘭中的「紅角雪梅」，蕙蘭中的「大一品」，墨蘭中的「南海梅」等皆為典型的如意舌代表種。

如意舌多集中於梅瓣花上。在近 200 個瓣型花名品分類統計中，如意舌的出現概率梅瓣花（包括梅形水仙瓣花在內）占 24.5%；荷瓣花（包括荷形水仙瓣花在內）占 12.6%，水仙瓣花僅占 1.9%。

2. 劉海舌

「劉海」是指過去兒童和婦女留在前額上，如垂簾狀的常向額彎扣和翻捲的整齊垂髮。蘭藝家借用其意，將唇瓣先端起微兜的前裂片命為「劉海舌」。

「劉海舌」略離蕊柱，穩居正中，形略似如意舌，但大近 1 倍。外露的前裂片下垂而不後捲，舌端卻向上而微兜（即起捲緣而有劉海狀）。春蘭中的「宋梅」、「西神梅」，蕙蘭中的「培仙」，建蘭中的「旄晶鳳冠」，墨蘭中的「嶺南大梅」等，均為典型的「劉海舌」。

劉海舌多出現於梅瓣花、荷瓣花之中。在近 200 個瓣型花名品分類統計中，梅瓣花的出現概率為 16%；荷瓣花占 10.1%；水仙瓣占 3.5%；蝶花、扭曲瓣形花、波浪瓣形

花中也偶有出現。

3. 大圓舌

大圓舌是取中裂片外露部分之形近半圓而為名。它形大（比劉海舌大半倍許）而圓正（正對合蕊柱，形如幾何製圖的量角器），呈微下傾狀。它不緊緣，少後捲，不上翹。春蘭中的「小打梅」、「翠一品」，蕙蘭中的「榮梅」，墨蘭中的「桂荷」、「望月」、「玉如意」等，均為典型的大圓舌。大圓舌以荷瓣花最為多見。

在近200個瓣型花名品分類統計中，中圓舌出現的概率為荷瓣花占15.4%；梅瓣花占12.6%；水仙瓣花占8.2%；蝶瓣花占4.8%；竹葉瓣花只占0.9%。

4. 大鋪舌

大鋪舌唇瓣之中裂片的外露部分呈長橢圓形，下掛而微後傾，但不明顯向後翻捲。如春蘭中的「龍字」，蕙蘭中的「樓梅」等，均是典型的「大鋪舌」。

在近200個瓣型花珍品分類統計中，大鋪舌出現的概率也不高，就是被認為最易出現的梅瓣花中也僅占5%，荷形水仙瓣花占4.5%，荷形蝶花占1.5%，水仙瓣占1.5%。

5. 大捲舌

大捲舌唇瓣之中裂片形大而長，下掛而向後捲曲。一莛多朵花的國蘭，多為此態舌。

在近200個瓣型花名品分類統計中，大捲舌出現的概率為荷瓣花中僅占7.8%；荷形竹葉瓣、水仙瓣、雞爪瓣的名品中偶見。可見高品位花，極少出現大捲舌。

6. 龍呑舌

龍呑舌舌質厚硬而不舒展，中裂片微下傾而後又略上

翹。舌面下凹，舌緣緊縮而常呈不規則排列的鈍圓鋸齒狀，猶似老人之少量殘存牙。蕙蘭中的「程梅」、「崔梅」、「極品」在正常開放時，方有標準的龍吞舌出現。龍吞舌多在梅瓣花中出現。

在近 200 個瓣型名花分類統計中的出現概率僅占 7.8%。在近幾年新選拔的各類佳品中，倒出現了好幾個龍吞舌，如建蘭中的「玉腮荷」就是其中之一。

7. 大柿子舌

大柿子舌舌形大，中裂片外露部分的舌面，呈現柿子之種子狀下凹。大柿子舌僅見於蕙蘭中的「大陳字」等極個別的傳統品種，僅占分類統計的 1.5%。

8. 方缺舌

方缺舌中裂片之中央處呈現不規則的方形（菱形）空缺，依此天然缺損形而為名。蕙蘭傳統名種中之珍品「老蜂巧」為典型的代表種。它在分類統計中的出現概率不高，僅占 1.5%。素心建蘭中，也有此種舌態。

9. 雙岐舌

雙岐舌唇瓣上的中裂片呈倒「V」字形缺裂，形同孿生的兩個舌。但是它們沒有深裂至唇瓣的最基部，根本不能稱為雙舌，只能稱為分叉舌。春蘭中之「素蝶蓮」、「宜興雙舌梅」是該型之典型代表種。它在名品中的出現概率也不高，僅約占 3%。此類舌型在建蘭、墨蘭、寒蘭等中也時有發現。

10. 直圭舌

直圭舌中裂片的兩端角尖銳，端緣呈圓凸形，其上仍有鋸齒狀缺裂。唇緣緊縮，鑲有白覆輪；舌下凹，背隆的

舌態稱為直圭舌。它端角既方又圓鈍，洋溢著曲線美。蕙蘭中的「元字」為僅存的代表種。在近 200 個名品分類統計中，它僅占出現概率的 1.5%。

11. 拖　舌

拖舌指中裂片中大、橢圓形，平伸而微下傾，但不後捲。舌緣隆起，舌面下凹的舌態。蕙蘭中的「丁小荷」是其典型的代表種。占分類統計率的 1.5%。

12. 心形舌

心形舌唇瓣上的中裂片先闊漸窄，其端鈍尖，呈心臟形下掛，既不翹起，也不後捲，形象逼真。心形舌幾乎各類蘭中都有出現，建蘭中的「仙女」是比較典型的代表種。闊葉寒蘭也常有此態舌出現。

二、花　姿

蘭藝中的花姿專指除瓣型花之外的婀娜花姿，如象形花姿、奇態花姿等。在我國傳統的國蘭鑒賞觀念中，以頂正（主萼端莊昂立）肩平（兩側萼平展），捧瓣抱心或合蓋蕊柱，使其僅露出些許柱頭者，或蕊柱昂立，唇瓣不後捲者，為正統的美蘭花，將它列為上品；側萼向上飛翹的稱飛肩，被列為奇品，其餘皆不入品。

(一) 肩

蘭花中的「肩」特指兩個側萼片的主脈所構成的夾角姿態。它是將蘭花的主萼片比作人的頭頸部，兩個側萼片比作人的左右肩膀。

人們根據蘭花側萼片的主脈所構成的夾角以及形態，將蘭花分成以下肩形（圖 13–3）。

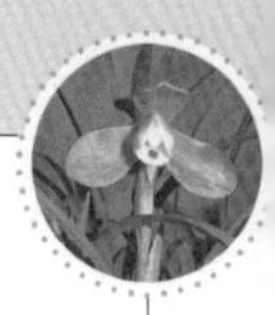

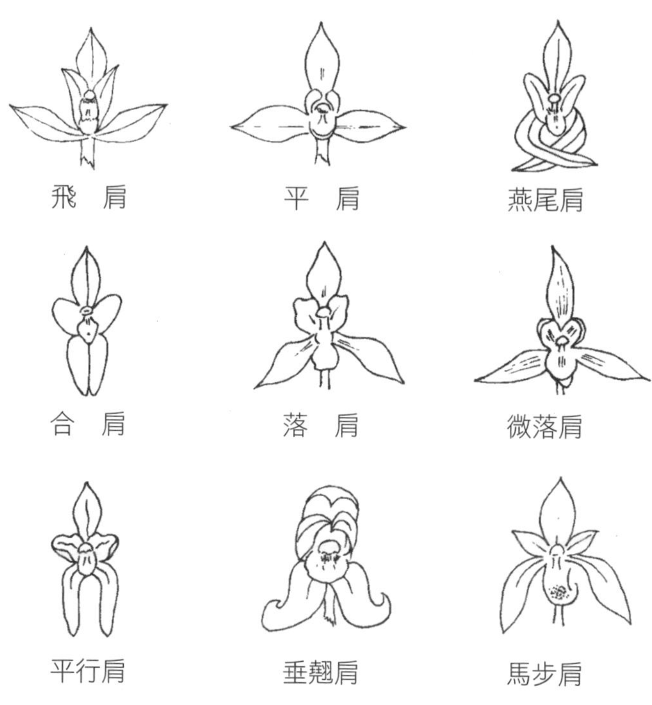

圖 13-3 各種肩形

1. 平 肩

花朵的兩側萼片向相反方向水平伸展，左右排成「一」字，構成夾角約 180 度的姿態，稱「水平肩」，俗稱「一字肩」。傳統認為，平肩屬於佳品。

2. 平行肩

花朵的兩枚側萼片大下垂，如人直立之雙腿狀，稱為「平行肩」。此花姿雖屬大落肩範疇，但落得有序有格，確也不多見，應為佳品。

3. 垂翹肩

雙側萼在「平行肩」的基礎之上，各自向外側呈弧垂狀反曲、飛翹。姿態別致，洋溢著藝術美，應為奇品。

4. 落　肩

花朵的兩枚側萼片（肩萼、副瓣）之主脈所構成的下方夾角小於 180°，顯現微下垂直狀至雙側萼接近合併成一體者，統稱為「落肩」。一般雙側萼的下方夾角 160°～180°的稱「微落肩」；120°～160°為「小落肩」；小於 120°的為大落肩，屬次品。

5. 飛　肩

兩側萼上斜伸展，使肩萼下方大於 180°，上方夾角小於 180°。要有明顯的上翹狀態，才能稱「飛肩」。這種花姿態優美，似大鵬凌空飛翔。按傳統的看法，飛肩花是奇品。

6. 燕尾肩

兩側萼在唇瓣下方交叉成 X 狀，故名為「燕尾肩」。這種花姿造型獨特，也屬罕見，應屬佳品。

7. 合　肩

兩側萼片的內側緣緊靠、黏合成一體，或重疊成一體的為「合肩」。此肩態不僅造型獨特，而且被賦予深長寓意，堪為高雅之吉祥物。應屬奇品之列。

8. 馬步肩

蘭花花朵的兩枚側萼片呈近似 90°彎垂，構成馬步（或曰弓步）狀態。習慣稱其為「馬步肩」或「弓步肩」。

(二) 奇　花

蘭花花朵中的某個部分或全部，其數目或形態發生離

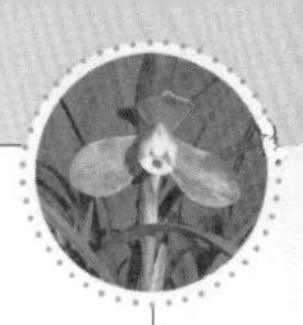

奇變異的，都屬於「奇花」。蘭花花朵的變異千姿百態，經過人工培育，形狀比較穩定的變異才可以稱為奇花品種。目前常見的有以下類型：

1. 多瓣奇花

這種類型蘭花表現在外輪萼片、內輪花瓣（捧）和唇瓣（舌）部分或全部的數量增多。通常可分為五類：

（1）**藥帽裂變奇花**：藥帽裂變引起萼片、花瓣的形狀、姿態的變化，或唇瓣變小，或某個部分的數量增多。

（2）**捧蕊一體化**：捧瓣硬變成珠捧、拳捧時使花瓣或萼片的形態變化或數量增多。

（3）**捧瓣雄性化**：花瓣唇瓣化引起萼片數量增多，唇瓣也同時增多。

（4）**蕊柱唇瓣化**：蕊柱裂變、分化成小唇瓣，出現花上花的奇觀。

（5）**萼捧唇增多**：此類奇花，常有單一性的部分增多，如多萼或多捧，或多舌，惟獨蕊柱沒增多。此類奇花穩定較差。

2. 少瓣奇花

這種類型蘭花花朵萼片、花瓣、唇瓣有一個部分或幾個部分的數量減少。常見的有少萼、少捧、缺舌、缺蕊和幾個部分同時減少的 5 類少瓣奇花。

3. 叢態奇花

這種類型蘭花的合蕊柱高度裂變分生，在各個蕊柱基部著生唇瓣化花瓣，形成多朵並聯或並蒂花。有的甚至導致蕊柱基部以下的子房也裂變分生，而形成了多朵蝶花，群聚於莛頂或群集於各個花柄基部的叢態奇花。

1. 菊瓣花　　2. 牡丹瓣花

圖 13-4　菊瓣花和牡丹瓣花

4. 重台奇花

這種類型蘭花的合蕊柱高度變異呈節狀增生依次拔高，每節基著生萼片和花瓣或多個花蕾，形成了花上花再上還有花和花上多花再上又多花的奇觀。

5. 菊瓣花和牡丹瓣花（圖 13-4）

「菊瓣花」的花瓣與萼片形色相似，數量增多，如菊花樣呈輻射狀平展；合蕊柱、唇瓣退化或殘變成細而短的小花瓣，聚生於花心部。其小瓣端上尚有細微的淺兜，其上有些微小的花粉。此類花隸屬於無蕊柱的多瓣奇花。

「牡丹瓣花」的萼片大量增多，花瓣唇瓣化，合蕊柱也奇變成唇瓣樣。此類花也隸屬於無蕊柱的多瓣奇花。

6. 蝶瓣花

蘭花的萼片、花瓣變異如唇瓣樣略有皺捲，其上綴有異色點斑塊的奇變現象，被稱為「唇瓣化」，俗稱「蝶化」。凡萼片、花瓣的部分或全部蝶化的花，稱為「蝴蝶瓣花」，簡稱為「蝶瓣花」。

蝶瓣花依其唇瓣化的部位可分為萼片蝶、花瓣蝶和全蝶三類（圖 13-5）：

（1）萼片蝶：

這種類型的蝶瓣花，多是肩萼（副瓣）的下半片些許、近半或過半蝶化。也有中萼（主瓣）全部唇瓣化的，如「蒼山奇蝶」。也曾發現側萼半蝶化與中萼同時蝶化的和三萼片全部唇瓣化的外蝶化。這類只是萼片唇瓣化的蝶

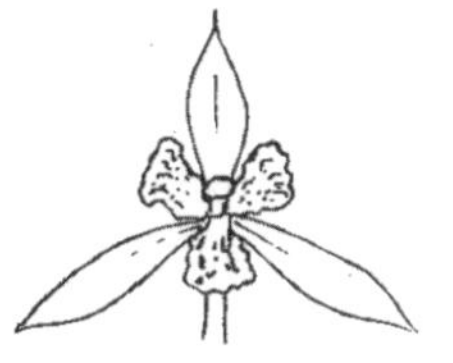

1. 萼片蝶　　2. 花瓣（捧)蝶　　3. 全　蝶

圖 13-5　蝶瓣花的類型

瓣花，傳統上稱為「外蝴蝶」。

（2）花瓣（捧）蝶：

這種類型的蝶瓣花，通常有靠近唇瓣一側的捧瓣些許、近半或過半唇瓣化和整個捧瓣唇瓣化兩種。僅捧瓣邊緣唇瓣化的，稱為「捧緣蝶」；整個捧瓣唇瓣化的，稱為「蕊蝶」、「三舌」、「三星蝶」。此類捧瓣唇瓣化的花朵，傳統總稱為「內蝴蝶」。

（3）全蝶：

這種類型的蝶瓣花，花萼、花瓣都唇瓣化。又稱「內外蝶」、「萼捧蝶」。一般有三種情況：側萼片、捧瓣的下半部分唇瓣化，稱為「全半蝶」；側萼片下緣和整個捧瓣唇瓣化，稱為「半全蝶」；三萼片、兩花瓣全部唇瓣化，稱為「大全蝶」。

三、花　色

蘭花花藝中的「花色」一般分為三類：彩心花、複色花和素心花。在蘭花品種中，花色是比較固定的，但也有變化。花色的深淺有時與環境條件有關。素心品種也可能

因栽培條件和氣候不同而有所變化，同一株素心建蘭，夏秋開花時，花被為翠綠色，質薄，寬且長；而在冬季開放時，則花被為純白或略帶黃色，且質肥厚，短而狹窄。

(一)彩心花

彩心又叫「葷心」，其主要特徵是花瓣有筋紋，舌瓣有斑點。這一類蘭花數量最多，可分為 4 類：

1. 段色花

如虎斑線藝狀分節同色或異色。

2. 間彩花

披異色筋紋，撒異色點斑塊。

3. 套色花

在一主色之上，浮泛或間泛多種異色。

4. 素舌花

在彩心蘭花中，整個唇瓣（舌）沒有異色點斑塊點綴的被稱為「素舌花」或「素唇花」。舌色純白的，稱為白舌，美其名曰「笑玉」或「白玉」；舌色純紅的，稱為紅舌，美其名「紅玉」；舌色純綠的，稱為綠舌，美其名「翠玉」；舌色純黑的，稱為黑舌，美其名「墨神」；舌色純黃的，稱為黃舌，美其名「黃玉」。

如果彩心蘭花的前半截唇瓣是純淨的單一色，無異色點斑塊，而後半截（舌根）卻有異色點斑塊的舌，稱為半素舌。此類各色之半素舌，在蘭藝上一般不入品，但可增進觀賞價值。

(二)複色花

由許多的不同色彩組成的蘭花花瓣，稱為複色花，複色花具有色彩斑爛濃豔挺秀等特色。複色花的主要類型

有：

1. 放射型

從花心向花瓣頂端呈放射狀彩線或彩點，如日之初出，光芒四射，彩霞滿天。

2. 色藝型

其色藝不僅有如常見線藝蘭樣的、黃、白、綠色，還有深淺各異的紅、紫、黑、赤黃（像葉邊被火灼烤傷而未焦黑的深黃色）等色。

3. 爪藝型

有綠底金爪（黃爪）、綠底銀爪（白爪）、白底綠爪、黃底綠爪幾種。由於蘭葉起爪，相應的花也起爪。如「金邊玉衣」、「曙光」等。

4. 縞藝型

花瓣有不規則的黃、白線條，由於蘭葉出縞紋，相應花中也出現了縞紋，如「五彩皇冠」。

5. 覆輪型

花瓣邊緣鑲白色或黃色，稱覆輪花，由於葉子出現覆輪，有時對應花也出現覆輪，如「金邊玉衣」。

6. 斑藝型

花瓣上有不規則的黃斑、白斑出現。由於蘭葉上出現斑紋，有時相應花也出現斑紋，有時甚至在花瓣上出現許多界線分明、顏色各異的各種形狀的斑塊，但此類現象較少出現。

7. 雙色型

花瓣上二種色彩，各占半壁，分界明顯；或外三瓣及捧瓣各具一色，耀眼奪目，十分嬌豔。

8. 暈化型

暈化是指花本色之上，浮泛雲霧狀的色暈，並非點、條彩。最常見是泛綠暈，次為泛紅暈，再次為黃暈，藍暈、紫暈、黑暈，灰暈少見。以黃暈為珍，紅暈為貴，綠暈為上，藍暈為下，紫黑暈為劣。

(三)素心花

國蘭以淡雅靜素為貴。素心花是指除藥帽與花色難一致之外，全花只有一種基本色，偶泛有些微的粉異色，但全無異色點、條、斑的花。國蘭中凡萼片、花瓣、唇瓣及合蕊柱均色澤單一而純淨，全無異色筋紋、點、斑塊的蘭花，為標準的素心蘭。也稱「全素」。它們又可分為白素、綠素、金黃素、粉紅素、鮮紅素、橙素、黑素等。素心花中以晶瑩潔白為上品，以嫩綠光潔為中品；以金黃為貴，以鮮紅為珍，以黑色為稀。

凡唇瓣上不帶色塊的都為素心瓣。由於蘭花的色素大都集中在唇瓣上，因此，一般唇瓣無色塊，外三瓣及捧瓣都不會有色塊。傳統素瓣外三瓣、捧瓣為綠色，唇瓣為白色。按唇瓣色澤可分為綠胎素、白胎素、黃胎素、桃腮素（舌根兩側有紅暈）、刺毛素（舌苔上隱約有細微紅色）。素心瓣苔色以綠色為貴。

1. 桃腮素

僅唇瓣中的側裂片（俗稱腮幫）有濃淡不一的異色暈彩或點斑，其餘各部分全無異色筋紋、點斑塊的蘭花，稱為「桃腮素」。

2. 豔口素

僅唇瓣上之中裂片中央有些許異色暈斑，其餘各部分

全無異色筋紋、點、斑塊的蘭花，稱為「豔口素」。

3. 豔口桃腮素

僅唇瓣上之側裂片（腮幫）和中裂片中央處有異色暈斑，其餘各個部分全無異色筋紋、點、斑塊的蘭花。被稱為「豔口桃腮素」。

4. 彩鞘素（麻殼素、赤殼素）

全朵蘭花的各個部分均色澤單一、純淨，全無異色筋紋、點、斑塊，僅花莛鞘（即苞片）上披掛有紅色或紫紅色筋紋的蘭花，被稱為「彩鞘素」或「麻殼素」或「赤殼素」。

5. 赤芽素

花莛、萼片、花瓣、唇瓣、蕊柱，均色澤單一而純淨，全無異色筋紋、點、斑塊，惟獨牙鞘（俗稱葉褲、甲）和花莛鞘（俗稱苞片或苞葉）上，灑披有紫紅等色筋紋、沙麻點的，被稱為「赤芽素心蘭」，簡稱「赤芽素」。

6. 綠苔素

蘭花的萼片、花瓣、蕊柱、唇瓣均純淨無瑕，惟獨唇瓣的中裂片上浮泛有或綠、或白、或黃、或紅、或粉紅、或黑色暈的，分別稱為「綠苔素」。

7. 草　素

春天開花的地生蘭如春蘭、春蕙等，如開萼片和捧瓣尖狹如雞爪似的雞爪瓣素心花，則被列為下品素心蘭，被稱為草素。但因其是素心蘭，還屬於細花的行列。但在寒蘭中，雞爪瓣素心蘭仍屬上品蘭，其株價幾乎高於絕大部分的素心蘭。

8. 竹瓣素

竹瓣素是竹葉瓣型的素心花。其萼片形似竹葉形，捧瓣較狹，瓣質也薄。這種瓣型在春花類蘭花中的品位，比草素略高一籌。其代表品種有松鶴素、寅穀素、天童素等。竹瓣素在建蘭、墨蘭、寒蘭的夏、秋、冬花類蘭花中的品位，屬中級品。

9. 荷形素

荷形素花形酷似荷瓣形，但不及荷瓣花標準。由於它的花瓣豐麗素靜，在素心蘭中名列高品位之一。如春蘭中的楊氏荷素、月佩素、謝氏荷素、雲荷素、張荷素、龍素、魁荷素、翠荷素、文團素、文豔素、香草素、俞氏素、國慶素、等。建蘭中的建荷素、荷花素等。

10. 梅形素

三萼片形似梅瓣之萼片，但不夠標準（長寬比例失調，或萼端不夠圓，或萼緣沒有明顯的緊邊），捧瓣起兜，基本符合梅形水仙瓣標準，名為梅形水仙瓣素，簡稱為梅形素。如蔡梅素、玉梅素、素西神等，建蘭的珠圓素等。

11. 刺毛素

蘭花花朵上僅唇瓣面上有隱約的淡紅暈，其餘各部分均純淨無瑕的，被稱為刺毛素。

第二節　蘭葉的鑒賞

古人曾盛讚蘭花之秀葉「泣露光偏亂，含風影自斜，俗人哪解此，看葉勝看花」。其意是，看花一時，看葉經

年，花時看花，無花看葉，也勝看花，並非花不如葉之意。鑒賞蘭葉，主要是品評蘭花的葉形、葉姿、葉色和葉藝這幾個方面。

一、葉　形

蘭花的葉形有帶形、線形、鯽魚形、長橢圓形、箭形、弓形、浪翻形、皺捲形等。人們在鑒賞這些葉形時，往往賦予其一定的寓意。

二、葉　姿

國蘭鑒賞特別強調葉片的姿態。葉姿自古以來就是評價蘭花品種觀賞價值的標準之一，一般可分為直立葉、弧曲葉、彎垂葉三類（圖 13-6）。

1. 直立葉　　2. 弧曲葉　　3. 彎垂葉

圖 13-6　葉　姿

1. 直立葉

直立葉也叫立葉，是指葉片向上直立生長，或者下部直立，只是先端略為傾斜向外，春劍的葉多屬此類，尤其是通海劍蘭更為典型。直立葉象徵著直立挺拔，被賦予剛勁瀟灑、意氣風發之意。

2. 弧曲葉

弧曲葉也稱半直立葉。是指葉片自基部 1 / 2 以上逐漸傾斜或彎曲成弧形，春蘭、建蘭、墨蘭等大多數葉屬於此類。弧曲葉向四面八方展開，被賦予四面開拔、拼搏進取之意。

3. 彎垂葉

彎垂葉是葉片自基部 1 / 3 以上逐漸彎曲，先端下垂或成半圓形，建蘭中的「鳳尾」即屬於此類。這類葉形在建蘭中被認為是優美的典型，觀賞價值極高。彎垂葉洋溢著曲線美，被賦予柔媚浪漫之意。

三、葉　色

葉色有黃綠、青綠、墨綠，還有新出現的紅綠等。黃綠寓意財道飛黃；青綠寓意生機旺盛，一路順風；墨綠濃重，給人以寧靜感；紅綠寓意吉利，紅運常在。

四、葉　藝

將蘭花葉片上出現的白色或黃色的條紋或斑點作為觀賞特徵來的培育稱為葉藝，即蘭花的花葉品種的培育。傳統品種的蘭葉上如有斑點或條紋，則視之為「病態」、「異物」，斥之為下品。現今卻欣賞葉片上的白色或黃色

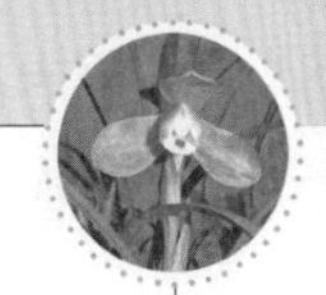

斑塊及條紋，稱為葉藝。

根據斑紋的色澤、數量、形狀及分佈位置等不同情況，已有數以百計的新品種被命名，組織上成立了「研究會」，理論上也產生了「葉藝學」。新異性在花形上的體現，畸形的奇瓣、重瓣、缺瓣，只要性狀穩定，也可選育成珍稀名貴品種；新異性在葉形上的體現，寬、短、矮、扭曲等性狀，也成了選育新品種的重要標準，不同形狀的花葉都有特定名稱。

蘭花現代葉藝主要有線藝、水晶藝、型藝三類。

(一)線藝蘭

線藝蘭簡稱「藝蘭」。凡是葉片上除了葉脈之外，綴有色濃而明顯的線紋或斑塊的，稱為線藝蘭。線藝蘭有先明性（先明後暗）和後明性（先暗後明）兩類。

先明性線藝蘭簡稱「先明後暗」，是指自葉芽出土，就嶄露線藝特徵，芽葉伸長至初展葉時，其葉片上的線藝性狀和色彩十分顯眼，但隨著葉片的生長發育，其線藝的性狀和色彩便逐漸隱匿，最後連一點線藝性狀和色彩也見不到，如同非線藝一樣。其典型的代表種，有墨蘭中的「鳳妃」「西施」。此類先明後暗性的葉藝蘭多開紅色花，但也有極個別是開白花的。

後明性線藝蘭簡稱「先暗後明」，是指葉芽露出土面後直至展葉初期，在葉面上全不顯露線藝，或僅微微露出些許線藝性狀和色彩，隨著株葉的生長發育，日益顯露線藝性狀和色彩的蘭株。建蘭中的「金絲馬尾素」就具有這種特性。後明性線藝蘭的典型代表種是墨蘭中的「鶴之華」等。

根據線藝蘭的觀賞部位和藝性，一般將它歸納為爪藝

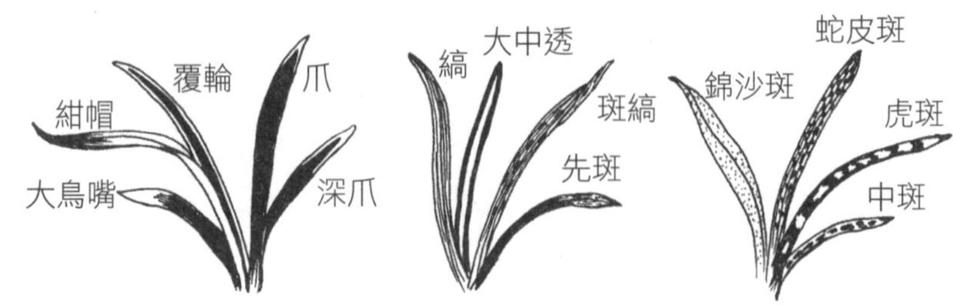

圖 13-7　主要線藝示意圖

類、鶴藝類、覆輪藝類、斑藝類、縞藝類、中斑藝類、中透縞藝類、中透藝類、雲井藝類等 9 個大類（圖 13-7）。

1. 爪　藝

爪藝，蘭界俗稱為「鳥嘴」，簡稱為「嘴」，是指葉藝集中在葉端兩側緣。通常依嘴藝之粗細、長短而分為大鳥嘴與小鳥嘴。墨蘭中的「旭晃」「金華山」為此類葉藝之代表品種。

爪藝的具體名稱，常依爪藝的粗細與長短相結合而命名。如爪藝細如絲，長僅達葉長的 1 / 5 者，稱為淺爪；爪藝粗如單線，長達葉長的 2 / 5 者，稱為深爪；爪藝粗如雙線，長達葉長的 1 / 2 以上者，稱為大深爪，如墨蘭中的「新高山」；爪藝粗達 0.3～0.5cm，長達葉長的近 3 / 5 者，被稱為「鶴」或「冠」，如墨蘭中的「漢光」、「養老」等；爪藝內緣有線藝條紋，伸入爪內綠色葉體的短而細的線段藝稱為垂線；爪藝內緣的垂線粗如線，長 5cm 以上的爪內粗長垂線，稱為爪縞藝，如墨蘭中「大勳」、「金鳳錦」等。

「冠藝」即原本是紺帽子（戴綠帽）轉變為黃色或黃

白色帽子的高級線藝品。譬如：墨蘭中的「養老」原為「紺帽子」（戴綠帽），轉變了帽子的顏色，「綠帽」變成「黃帽」或「黃白帽」。為了與「紺帽子」區別，把它稱為「冠藝」。如墨蘭中的「日晃冠」、「金冠」、「龍鳳冠」、「黃道冠」、「養老冠」等。

紺帽藝就是「綠帽藝」。它的藝色正好與「爪藝」相反（即爪藝為白色或黃色爪的部分，它為綠色；爪藝內為綠色的葉色，它卻為白色或黃色）。紺帽藝俗稱「戴綠帽」。

紺綠爪的爪基向下延伸至葉基，便成了綠嘴加綠線藝邊。這種全葉緣均有綠線藝邊的線藝，被稱為「大石門藝」。如墨蘭中的「祥五」、「天女」、「瑞玉」、「華山錦」、「瑞祥」等。

2. 鶴　藝

鶴藝是特大深爪藝，多由爪藝逐漸演變而來。一般是在爪藝在向覆輪藝發展時，才會轉變成鶴藝，但也有極個別品種的線藝因子十分充盈而活躍，可直接由爪藝突變成鶴藝。如原為爪藝的「金華山」突變成「鶴藝」。

自新芽萌發直至株葉發育成熟，藝色始終不變，十分固定的鶴藝被稱為「不轉色鶴藝」。如墨蘭中的「金華山」的突變品種「太陽」即此類鶴藝的代表種。

如果新芽桃紅色，葉片展開後變成綠覆輪白中透藝；葉片發育成半成熟時，其白中透藝又變成灰綠色；葉片發育至完全成熟時，其葉端粗大的綠覆輪藝就轉為象牙色鶴藝被稱為「轉色鶴藝」。

轉色鶴藝是國蘭線藝中，獨一無二的多變色藝品，被

譽為「變色龍」。這種葉藝蘭風采獨特、神韻非凡。墨蘭中的「鶴之華」是轉色鶴藝的著名代表品種。建蘭中的「錦旗」，也為類似轉色的鶴藝。

3. 覆輪藝

覆輪藝是指線藝在葉的周緣，即自葉基至葉端的雙側，均有明顯的線藝。俗稱為「全邊藝」。邊藝長達葉長的 4 / 5，尚未達葉基的，可稱為「邊」。單純的覆輪藝並不多見，多數都與其他藝性交錯出現。

4. 斑　藝

蘭花的葉片上鑲嵌或浮泛著白、黃、翠綠、象牙色、赤色、褐墨色、桃紅色等異色點、塊或細線段的異色體，被稱為「斑藝」。依其形狀、色澤的不同而有許多不同的稱謂。一般可分為：虎斑、錦沙斑、蛇皮斑、苔斑、爪斑和全斑。

（1）虎斑：

虎斑藝是依其葉片上斑紋的形狀與色澤極似老虎皮的斑紋和色澤而借喻的。通常又以其形狀和色澤而細分為 5 種：

① 大虎斑：斑形長而粗，斑塊占全綠葉面積的一半以上。如墨蘭中的「黃玉之華」、「不知火」；春蘭中的「守門山」、「安積猛虎」等。

② 小虎斑：斑形明顯比大虎斑小而短，且常呈零星分佈。如建蘭中的「蓬萊之花」。

③ 流虎斑：由無數大小不一的小藝斑連綴成串狀，分佈也欠規則。如墨蘭中的「瑞寶」。

④ 曙虎斑：葉面上的線藝斑猶如曙光，常呈大片狀。如墨蘭中的「大雪嶺」。

⑤ 切虎斑：葉面上的斑藝佈滿葉片整段，其斑色與綠葉的界限幾乎似刀切一樣整齊。如春蘭中的「三笠山」。

（2）錦沙斑：

斑形細如沙粒狀，滿葉皆是。如墨蘭中的「聖紀晃」；建蘭中的「錦沙素」等。

（3）蛇皮斑：

細小的線藝點密連成線，又由線構成菱形藝斑，極似蛇皮的花紋者，被稱為蛇皮斑。如墨蘭中的「白扇」；春蘭中的「錦皺」「守山龍」「群幹島」。

（4）苔斑：

在葉片上線藝斑之上，浮泛有綠暈，或綠斑塊的綠色體，在蘭藝上，稱之為苔斑。像墨蘭中的「大雪嶺」，具有曙虎斑藝，其上泛有的綠暈或綠小斑，就被稱為曙苔斑。這種苔斑藝，除了可為線藝斑增加一藝，成了「藝上加藝」的藝術效果之外，尚具可彌補葉片因出大量的藝斑而減少葉綠素面積造成生長力減弱的缺陷；且又可避免因光照過強而導致線藝斑被灼焦的雙重作用。因而深得蘭藝家的讚賞。

（5）爪斑：

爪斑藝是指爪藝內緣僅有或黃或白的點、塊，或細而短的小線段的斑藝，而沒有垂線的爪內斑藝，如墨蘭中的「金碧輝煌」。葉片上既有自葉基至葉尖的縱向線條狀縞藝，其間又夾帶有與縞藝相平行的線段斑藝紋，且其斑藝紋多於縞藝紋的線藝蘭，被稱為「寶藝」。「寶藝」是斑藝中的最高藝者。墨蘭中的「龍鳳寶」、「旭晃寶」是寶藝的代表品種。

（6）全斑：

整株所有葉片或葉片先端一整段或近葉柄的部分或葉柄以下的葉基部分，呈現全白或全黃的藝色，其藝色之上全無任何異色點、線、塊斑存在，呈現一大整段藝色者，稱為全斑藝。如墨蘭中的「玉妃」「鳳凰」「喇叭」「玉桃」，均為全斑藝。

全斑藝雖壯觀，但多數具有先明後暗性的特點。即新芽是全斑藝，隨著植株的發育而逐漸轉為與綠葉同色，與非線藝蘭無異。不過全斑藝所開的花多數為紅花系。僅寒蘭中的「豐雪」之全斑藝是開白花的。全斑藝並非都是先明後暗性的。也有後明性的全斑藝品。

5.縞　藝

「縞」是線條的意思。縞藝是指自葉的基部直到葉尾尖端出現縱向條紋的藝性，如墨蘭中的「蓬萊山」「桑原晃」。如果葉片上不僅有自葉基透達葉尖的縱向條紋之縞藝，而且在縞藝之中又間帶有若隱若現的線段狀斑紋的雙重藝性，被稱為「斑縞藝」。通常可分為 3 種。

（1）純斑縞藝：

自葉柄至葉尖，均滿布有線段狀藝紋和明顯的縱向線條藝，而且線段與線條紋又相互平行。如墨蘭中的「旭晃」。

（2）白爪斑縞藝：

在黃色斑縞藝之葉端罩有小白爪。如墨蘭中的「漢光」、「唐三彩」。另外，有一種十分罕見的白爪斑縞藝。即在雪白爪、覆輪之內，金黃色中透斑縞藝。此種極為難得，如「金銀頂」。

（3）紺爪斑縞藝：

即斑縞藝之葉尖緣有紺綠爪，俗稱「戴綠帽」。如墨蘭中的「金鼎」。

6. 中斑藝

中斑藝是指葉片上有兩條以上的縱向線藝條紋自葉基伸向葉端部，但未達葉尖，其葉尖緣有「戴綠帽」。這種線藝性狀稱為中斑藝。如墨蘭中的「瑞玉」「愛國」。由於中斑藝的中斑線藝未達葉尖，其葉尖有紺帽子，線藝性狀最穩定，堪稱最理想的藝性。中斑藝之中夾有若隱若現的絲狀線段藝稱為「中斑縞藝」，如墨蘭中的「龍鳳呈祥」、「天女」、「松鶴圖」。

7. 中透縞藝

中透縞藝即葉端有深綠帽、綠覆輪，縞藝集中在葉的中下部。如墨蘭中的「金玉滿堂」、「養老」等。

8. 中透藝

中透藝即中透縞藝中葉主脈透明者。如墨蘭中的「玉松」。中透藝中，葉主脈兩側有「行龍」（褶皺）現象的稱為「松藝」。如墨蘭中的「養老之松」、「築紫之松」等。

9. 雲井藝

雲井藝即綠色的線藝由葉端向下延伸發展之藝性。此綠線藝之藝色，要比綠葉的綠色更深。如墨蘭中的「金鳳錦」。

(二) 水晶藝蘭

在蘭株的葉片上，鑲嵌有不規則的點、條、塊的白色透明或半透明體的蘭株，蘭界依其藝體色白而透明似水晶，而稱其為「水晶藝」。水晶藝蘭的藝形、藝色與線藝

蘭基本相似，以金銀色為主，但比線藝蘭更具有觀賞性。

水晶藝蘭多姿多彩，依其藝形，可歸納成四大類：

1. 邊縞類

此類水晶藝蘭之藝體，多分佈於葉緣和葉面。在水晶藝體的作用下，其葉形便會有所變化。如：有的水晶邊藝，因其各個部分水晶成分眾寡之異，多者可使葉緣擴大，少者葉緣變化不大，而使葉緣呈波浪形；有的水晶藝體在葉的中側脈間，由於水晶含量之不同，作用力也就不同之故，而使葉脈彎曲，隨之葉片也將出現或縱或橫的褶皺，而使株型變矮，形如群龍漫舞。於是蘭界稱其為「龍形水晶藝」。

該類水晶藝的最大特點是：它的藝是由葉的基部先出現，然後逐步向上發展，直至葉尖。此類水晶藝，依其藝態之不同，又可分為下列 4 種。

（1）**水晶縞**：其水晶藝處於葉面間，從葉基開始出現水晶縞線，繼而逐步向上發展。

（2）**中透縞**：其水晶藝處於葉中脈間，使之呈現透明狀，在水晶體的作用下，葉中脈連同葉體呈現彎曲狀，株形也隨之矮化。春劍矮種水晶藝蘭「冰心奇龍」堪為此類水晶藝的傑出代表品種。

（3）**水晶邊**：其水晶藝處於葉片之雙緣。由於邊藝體粗細不一，作用力大小有異，藝大之處收縮得厲害，而使葉緣呈波浪形。建蘭中的「如意晶輪」堪為水晶邊的代表品種。

（4）**邊縞**：由於水晶邊藝不斷增大，並向葉中發展，在葉側脈間便出現了線狀的水晶縞線，即形成了水晶邊縞

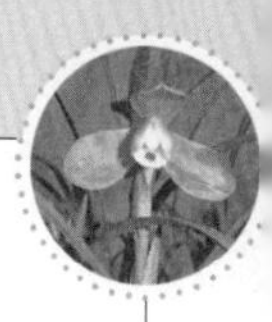

藝。

2. 擬態類

以水晶藝體之象形而名的水晶藝蘭歸併成一類，名曰擬態類。迄今，已出現了形似鳳嘴、鳳眼、海豚嘴、葫蘆嘴、銀鎖匙等擬態類。

擬態類水晶藝的特點是：它的出藝方式是自葉尖至葉基的。藝體多集中於葉端，形成某種形態。最早發現的擬態水晶藝是像雞頭雞眼狀，蘭界就以雞的美稱「鳳」，而譽為風型水晶藝。正好與龍型水晶藝配套。此類水晶藝，依其形態可分為下列 3 類：

（1）水晶嘴：

晶藝處於葉尖部。有的地區稱其為水晶尖，有的地區依水晶尖常向上或向葉心部勾兜，而稱其為水晶兜。但多數地區還是統稱其為水晶嘴。如是壯實的植株，葉尖緣之水晶體常比原葉尖增大許多。看上去如同雞頭，兩側鑲有眼珠，頂尖似雞嘴狀；雞頭下，水晶體還不斷向下延伸。形象惟妙惟肖。墨蘭中的「鳳來朝」堪為水晶嘴藝的代表種。臺灣和日本蘭界視它為奇珍異寶。

已發現的有「眼鏡蛇」、「海豚嘴」、「鵝頭」等。

（2）爪縞水晶：

水晶嘴（爪）不斷向下延伸，有的沿著葉緣往下延伸，有的向葉面延伸，成了水晶縞，便有了爪縞水晶。

（3）變態爪水晶：

有的水晶尖水晶體小，沒有增大的葉尖形狀，與線藝蘭中的線藝爪相似。但它在向下延伸時，常時斷時續，便有了葉緣增寬和縮小的現象。這些含有水晶體的葉端緣，形態

多樣，有的形似葫蘆，有的形似鑰匙，有的形似鳥獸等。

3. 斑紋類

水晶體呈斑紋的形式呈現在葉片上的，稱為斑紋水晶藝。斑紋的形態多種多樣，虎斑類形的最早被發現，數量也很多。為了與龍型、鳳型相配套，就把斑紋水晶藝統稱為「虎型水晶藝」。

斑紋水晶藝的特點是：它的藝斑大部分集中於葉片中段。這可能是由於蘭葉多有彎垂，受日光照射較多，藝變的原動力較強之故。斑紋水晶樣式豐富，不勝枚舉，可以歸納為 7 種類型。

（1）虎斑水晶藝：

它與線藝虎斑略同，所不同的是，線藝虎斑為片塊狀，而晶藝虎斑的藝形片塊中呈規則或不規則的網狀斑紋。矮墨「晶棱」（登錄號 019）為此類之代表品種。

（2）條斑水晶藝：

晶藝呈不規則分佈，長短、粗細不一之條形斑，呈縱向散在性分佈，也稱中斑水晶。建蘭中的「旌晶鳳冠」（登錄號 062）為此類水晶藝的代表品種。

（3）網斑水晶藝：

晶藝初現時呈現點狀，然後逐漸橫向發展而密連成片構成網狀，有的狀如珊瑚，有的狀如地圖等。

（4）山脈斑水晶藝：

晶藝初為點狀，然後逐漸斜向發展，常連結成拋物線狀，形如山脈而得名。

（5）林木斑水晶藝：

晶藝初為條狀點，後逐漸縱向推進而形成林木狀，猶

如銀裝素裹之林木，給人一種北國風光之美感。

（6）竹節斑水晶藝：

晶藝常處於葉緣，呈橫向長圓形的點狀，後逐漸橫向發展。有橫向水晶斑的葉緣就收縮凹進，整個斑紋猶如國畫中的竹節樣斑，故而得名。

（7）其他斑紋水晶藝。

4. 綜藝類

綜藝類也稱多藝水晶、兼藝水晶、聚合水晶。水晶藝的續變性甚強，也如線藝蘭一樣會出現兼藝和綜藝。水晶藝的兼藝，似乎比線藝蘭更多見。據報導，已經出現的有：邊縞+擬態，擬態+斑紋，斑紋+斑縞等。

（三）型藝蘭

標準的矮種蘭、奇葉蘭，株型典雅、小巧玲瓏，猶似藝術造型，被稱為型藝蘭。蘭花中不論哪類蘭，都會有矮種蘭。但並非凡是植株矮小的蘭花，都可稱為矮種蘭。真正的矮種蘭，必須具備短、圓、闊、厚、粗、龍、起這七個條件。

短：要求株葉短，自葉基至葉端的總長度在 20cm 之內；葉柄短，長度在葉長的 1 / 10 左右；葉鞘短，鞘長為葉長的 1 / 7 左右。

圓：要求假鱗莖球圓或短橢圓；葉尾鈍圓或肥尖；葉鞘鈍圓或肥尖。

闊：葉的長與寬之比為 5：1，越寬品位越高。

厚：與同種類、同規格、同株齡相比較而言，能給人一個「厚」的感覺。

粗：葉面粗糙，看起來如豬皮樣起疙瘩，也稱撒珍珠

粒。俗稱「粗皮」、「皺皮」、「蛤蟆皮」。

龍：要求葉姿有輕度扭轉，似龍騰；葉形呈龍船肚樣，即葉中部格外增寬，似鯽魚形，俗稱龍船肚葉；有龍根，龍根處於假鱗莖底部正中，形圓而彎曲，柔嫩而晶亮，其表面依附著粒狀之根瘤菌，與其他根的形、色不同，也特短。

起：是指有顯著之葉柄。其形態似瓷器湯匙柄與匙體連接處的形狀。

型藝蘭根據蘭葉的觀賞部位和姿態通常可分為 10 類：

（1）線藝矮蘭：如「達摩」、「獅王」、「如來」等。

（2）青葉矮蘭：如「青葉達摩」、「玉皇」、「金帝」等。

（3）圓葉矮蘭：如「嬌豔公主」等。

（4）奇姿矮蘭：如「蟠龍」、「文山龍」、「金龍帝」等。

（5）奇葉矮蘭：如「黑珍珠」、「文山佳龍」、「天霸龍」等。

（6）皺皮矮蘭：如「玉龍」、「皺皺」、「慈龍」等。

（7）尖葉矮蘭：如「麒麟」、「天」等。

（8）水晶矮蘭：如「如意晶輪」、「晶棱」、「冰心奇龍」。

（9）圖斑矮蘭：如「天山雪」、「黃山雲海」等。

（10）綜藝矮蘭：如「旌晶鳳冠」等。

第十四章
每月養蘭花事

第一節 一月花事

一、防凍保暖

本月是一年中最寒冷的時期。蘭室應緊閉窗戶，防止寒流侵襲，千萬不能讓蘭盆結冰。

有條件的蘭房可加溫，但需注意加熱溫度不可過高，以夜間5℃、白天10℃為宜；不可用煤爐加熱，以防煤氣傷苗；如用空調器，應用水空調，可增加蘭房濕度。

二、通風換氣

如天空晴朗、氣溫較高、溫暖無風，可在溫度允許的範圍內（10℃以上），打開南面的窗戶換氣，時間在上午11點至下午2點。

三、科學澆水

如盆土乾透可適當澆水，但只求濕潤，不可澆得太多。澆水宜在晴天的上午進行，澆水要注意水溫和氣溫相接近。

四、葉面噴肥

此時蘭花處在休眠期，不可根施肥料。可葉面噴施生物菌肥 1～2 次，宜在晴天上午操作，以利於蘭株吸收。噴施量不可太多，以葉面濕潤為度，否則會引起葉心腐爛。

五、防治病蟲

本月宜殺蟲、滅菌各一次，亦在晴天上午進行操作。應注意藥液宜淡，且噴霧量不宜太多。

六、觀芽摘蕾

對繁殖增苗的蘭花，需摘除花蕾，積累養分，明春發芽可提前六十天，並形成正春的粗大壯芽。若需要賞花的蘭花，可儘量讓其開花，且不要翻盆。

第二節　二月花事

一、防凍保暖

本月平均溫度比上月略高 1～2℃。仍時有寒流侵襲，天氣仍然很冷，蘭花養護仍以防凍為主，具體做法和上月基本相同。

二、通風透氣

蘭花進房時間較長，如果長期不通風，加上蘭房密封濕度大，蘭盆及植料極易發霉生斑，嚴重者會引起爛根。

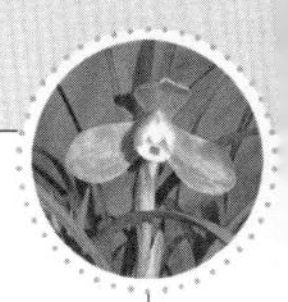

解決辦法是選擇晴天中午打開南面的窗戶，換進新鮮空氣。

三、增加光照

光是蘭花春季萌發葉芽的重要條件之一，且可以增強蘭株抵抗病害的能力，如盆數不太多，可在晴天中午將蘭盆搬出，放避風向陽處曬一曬。但室內蘭花忌高溫悶熱，如遇陽光強烈仍需遮陰。

四、盆土保濕

為免盆泥燥裂，可適當澆水，但不可當頭淋澆，亦不可過濕，時間仍以上午或中午為宜，注意水溫和室溫要相近。

五、葉面施肥

由於大地回春，蘭芽開始萌動，可施極稀薄的肥料，但禁止根施肥料，仍以葉施無機肥或生物菌肥為主，以促進新芽活力，保證新芽生長的營養需求。

六、蘭場消毒

殺蟲滅菌每 10 天一次，需在晴天上午進行；藥劑量不能噴得太多，以免灌入葉內爛心。同時對蘭具、蘭場進行全面消毒。

七、蘭株修剪

本月春蘭盛開，已欣賞過的蘭花要及時剪除，以免消

耗過多養分，影響新芽萌發。對殘枝敗葉及焦尾葉尖應及時剪除，以保證蘭叢清新，提高觀賞效果。

八、分株換盆

本月下旬起是分株換盆的大好時機，但翻盆後請勿光照，否則易倒老草，需陰養一週後方可光照。

九、展蘭購蘭

本月春蘭展進入高潮，要爭取參加蘭展，交流經驗，同時也是挑選和購買蘭花、發展蘭苑引進品種的大好時機。

第三節　三月花事

一、注意防寒

本月天氣漸暖。因天氣多變，常有陰雨，霜雪還沒有斷，仍要注意防寒，遇有「倒春寒」仍需採取防凍措施。

二、避風遮雨

無蕊蘭花可在天暖穩定後出房，但必須放置在面南、朝陽、背風之處。本月降水量較大，已出房的蘭花，如遇春雨可任其淋之，淋一次春雨勝施一次肥，但如遇連綿春雨，需採取遮雨措施，長期淋雨不僅會產生水傷，造成爛芽，而且易生黑斑病。

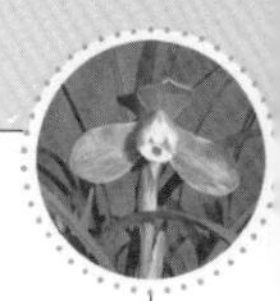

三、增加光照

遇晴朗天氣多讓蘭花接受光照。光是萌發葉芽和花蕾的重要條件，有良好的光照才會有理想的新株，光可以增強蘭葉的剛性，且可增強蘭株抵抗病害的能力。

四、通風降溫

室內蘭花忌高溫，如遇豔陽高照、高溫又無風的情況下，可開啟窗戶或排、吸系統通風降溫，使溫度、濕度達到理想狀態。

五、防治病蟲

本月蟲、菌開始活動，殺蟲滅菌處於一年中最關鍵的時期。治蟲可用氧化樂果、殺滅菊脂；殺菌可用多菌靈、甲基托布津。

六、科學澆水

本月起澆水時間改為早上，不可中午澆水；水溫要和氣溫相近，防止冷水傷苗；本月起澆水量可稍大，不宜偏乾。

七、蘭株修剪

已欣賞過的蘭花要及時剪除，勿使消耗過多養分，花後抓緊補充養分，促使早發芽、多發芽、發壯芽，以提高經濟效益。

八、分株換盆

本月是分株換盆的最佳時機，即使老株分開後亦能很快發芽，但分盆後勿使光照，陰養一週後再正常管理。

九、合理施肥

本月對已出房的蘭花可進入週期性的施肥階段，每十天施一次氮磷鉀肥分齊全的肥料，但需翻盆的蘭草可不施。

十、展蘭購蘭

本月蘭展進入高潮，市場交易熱烈，是購買蘭花發展蘭苑的最好時機。

第四節　四月花事

一、盆花出房

本月天氣暖和，霜雪基本停止。所有盆花均可出房，有花蕙蘭在布蓬下養護，不必擔心寒冷，即使有寒流，時間也不會很長，不會影響蘭花生長。尚未出房的蘭花要打開全部窗戶，以利通風透氣。

二、調節光照

本月蘭花可以接受全光照，一般情況下不必遮陰，盡可能地多受陽光的照射，但必須做好搭棚遮陰的準備工

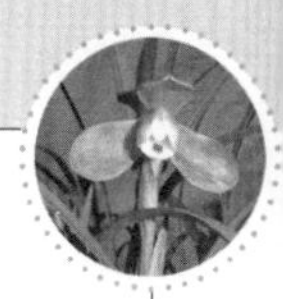

作，如遇高溫天氣，光照過強中午時分仍需適當遮光。

三、水分管理

本月雨水很多，要防盆內過濕或積水，否則要引起爛根。如逢大雨或連續陰雨三五天，要移避或遮雨。反之如天晴較久則需要澆水，但不可太多，澆水時間改為早上傍晚進行，水溫宜於氣溫相近。

四、防治病蟲

由於氣溫漸高，易生軟腐病、黑斑病、炭疽病。可使用有強力效果的殺菌劑（甲基托布津、多菌靈、可殺得）噴、澆交替進行。用殺蟲劑（氧化氯果、三氯殺蟎醇）撲殺或預防介殼蟲、紅蜘蛛等害蟲，同時夜間捕捉蝸牛、蛞蝓等害蟲。

五、分株翻盆

本月是分株翻盆的最好時期，換植料時宜小心，勿使新生小芽受害，剛分株上盆的蘭花應置陰涼之處，待一星期後再正常管理，換盆分株工作最好在本月結束。

六、合理施肥

本月可對出房的蘭花施肥，根施以有機肥為主，宜稀薄，宜在傍晚進行，第二天早上一定要澆「還魂水」。葉面施肥以氮肥為主，為防蘭葉瘋長，可以 0.1%的尿素加 0.1%的磷酸二氫鉀混合使用較適宜，有條件的最好噴施生物菌肥，如：蘭菌王、促根生、植全、喜碩等。施肥最好

根施、葉面噴施輪流進行，以每週一次為宜。

七、展蘭購蘭

蕙蘭展一般在本月上旬舉辦，需積極參加。同時把握機遇，進行引種購買或交換，以增加品種。

第五節　五月花事

一、遮光降溫

本月溫度漸高，日光漸強，可適當用疏網遮光，本月上中旬從上午 10 時起放簾，下旬從上午 8 時起即放簾遮陰。

二、遮風避雨

本月冷暖空氣仍時常交替，可引起持久的雨季，日照少，濕度大，對蘭花生長不利，勿使蘭盆積水，短期小雨可任其淋之，如遇長雨、大雨要遮擋。

三、科學澆水

如天氣晴好，盆內水份蒸發快，澆水量應酌增，防止盆土乾燥，新芽枯尖，影響子芽生長。由於本月新芽出土開叉，嫩葉逐日生長，要保護嫩芽，澆水、噴霧須謹慎，勿使芽內積水腐爛。

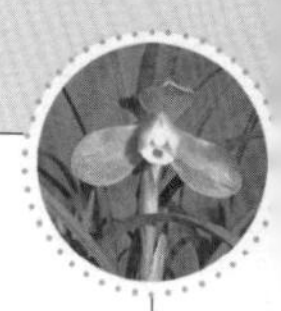

四、合理施肥

本月是蘭花生長旺季，大部分子芽即將破土或已破土，為使新芽茁壯，須對蘭花進行追肥，以根施有機肥為好，但需薄肥勤施，且施肥宜在傍晚進行，第二天早上須澆「還魂水」。亦可根外追肥，可施無機肥，以 0.1%的尿素加 0.1%的磷酸二氫鉀噴施。

本月起由於光照強、溫度高，為防肥害，第二天早上應噴水洗葉。亦可噴施生物菌肥，如促根生、植全、蘭菌王、喜碩等。最好是有機肥、無機肥和生物菌肥交替進行，每週一次。

五、防治病蟲

本月由於陰雨天氣較多，造成蟲類、菌類滋生，殺蟲滅菌工作甚為重要。每 10 天噴一次殺菌藥，以甲基托布津、多菌靈、可殺得等交替使用，以提高藥效，帶銅的殺菌藥儘量不要用，因銅抑制蘭苗生長。每半月噴一次殺蟲藥，以氧化樂果、三氯殺蟎醇為主，本月撲殺介殼蟲、紅蜘蛛效果最好。

另外，本月蝸牛、蛞蝓活動甚為猖獗，可於夜間投放滅蝸淨或捕捉。

六、修剪蘭株

對於被病害危害過的葉片，應及時剪去並燒毀，以免傳到其他蘭株；已經枯黃的老葉及焦尖葉，也應剪去，使蘭叢清新。

第六節　六月花事

一、遮陰降溫

在一年之中本月白天時間最長，氣溫逐漸升高，光照強，天氣炎熱，要做好遮陰工作，不要讓蘭花受陽光暴曬，以免灼傷蘭葉。

二、避雨控水

本月正值梅雨期間，是一年中降雨量最大的月份，多雨濕熱。遇小雨可任其淋之，中雨只能忍受一日，要防止長雨、大雨、暴雨，造成積水爛根、爛芽。

要做好遮雨工作，或將盆移至通風處。梅雨期間空氣濕度高達100%，即使盆內較乾也不要澆水。

三、科學供水

梅雨季節過後，進入天乾物燥時期，盆土不要過份乾燥，不使蘭花缺水，同時注意中午氣溫較高時不澆水、不噴水。澆水宜在早上進行，晚上讓其「空盆」，以利蘭株生長。對十分乾燥的蘭盆可用「浸盆法」供水，高溫時要對環境增濕，濕度較大時要注意通風透氣。

四、合理施肥

本月可多施肥，澆施、噴施交替進行，有機肥、無機肥、生物菌肥交替進行，做到氮、磷、鉀肥分齊全。由於

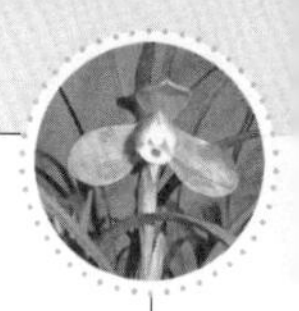

氣溫高，施肥注意選較涼爽天氣傍晚進行，第二天早上要澆「還魂水」，洗去沾在葉上的肥水，濾掉盆內的殘肥，以防肥害。

五、防治病蟲

本月高溫、高濕，蘭花容易生病，每10天左右要噴一次殺菌劑，用多菌靈、甲基托布津、可殺得交替使用，以增強殺菌效果。

同時本月亦是害蟲較為猖獗的時期，可用氧化氯果、三氯殺蟎醇等交替使用，撲滅介殼蟲、紅蜘蛛等蟲害。施藥要注意選擇涼爽天氣，以太陽即將落山時作業為宜。

六、察芽護芽

本月是養蘭的豐收季節，子芽相繼破土、開葉，隨時注意各個品種新芽出土時芽尖色澤和轉化情況，積累識別不同品種的知識和經驗。這期間蘭宜偏陰，蕙蘭可稍陽，以利蘭草新芽茁壯。

七、花事禁忌

本月至中秋節期間，禁止翻盆、分株、換料。

第七節　七月花事

一、加強遮陰

本月是一年中氣溫最高的月份，2/3以上的天氣為高溫

烈日的晴天。因此本月最主要的工作是加強遮陰，用 70%左右的遮光網，直到陽光照射不到蘭葉時才可收簾。

二、通風降溫

由於天氣酷熱，要加強通風降溫工作，悶熱天氣可採用換氣扇、微型電扇等以微風吹拂，促使空氣流通。同時經常向地面灑水降溫，防止酷暑傷蘭。環境濕度盡可能達到 60%～70%。

三、科學供水

水的管理是本月工作的重點。若燥熱少雨，盆土易一乾到底，要注意盆土濕潤，澆水要澆透且次數要增加，如盆土已乾透，可用浸盆的辦法去解決。但盆土不可長期過濕，以防引起根腐病、莖腐病、軟腐病和爛芽。

四、合理施肥

本月高溫，不宜根施肥料，施肥以噴施葉面肥為好，可用 0.1%的尿素加 0.1%的磷酸二氫鉀及生物菌肥交替使用，以補充養分，促使生長旺盛，為來年發芽、發花打下基礎。

葉面施肥在傍晚噴施，第二天早上洗葉，以防肥料積存葉面經高溫日曬引起傷苗。

五、防治病蟲

本月最易發生各種病蟲害，殺蟲滅菌工作不能鬆懈，應選擇涼爽的傍晚施藥，治介殼蟲的最好藥物是氧化樂

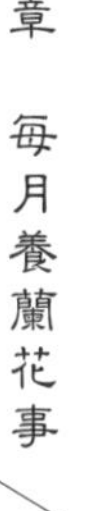

果，消滅紅蜘蛛最好用三氯殺蟎醇，殺滅蚜蟲要用滅蚜淨，藥液不要過濃以防藥害。蝸牛、蛞蝓可在夜間捕捉。滅菌防病以噴灑多菌靈、甲基托布津、百菌清及培綠素較好。

六、防風避雨

本月已有颱風暴雨出現，要做好防颱工作，防止颱風吹翻盆缽，吹斷蘭葉。要採取遮雨措施，防止暴雨襲擊，造成損失。

七、花事禁忌

本月高溫，切勿翻盆、換土、分株，即使需要引種最好等至秋分前後進行。

第八節　八月花事

一、遮陰降溫

本月天氣酷熱，是全年第二個高溫月。最主要的工作仍是遮陰，酷熱時仍用密簾，如氣溫在 28℃以下可用疏簾，勿使蘭花受陽光照射。室內蘭花注意通風。

二、科學供水

立秋以後空氣濕度降低，水分供應甚為重要，應酌量多澆水，牢記古「秋不乾」的告誡。

特別是久旱無雨時，要注意澆水、淋水、噴霧，保證蘭房濕度，確保蘭花茁壯生長。

三、合理施肥

蘭株經過夏季高溫酷暑之後，盆內養分消耗很大，本月中下旬起要根施有機肥 1～2 次，葉面施肥半月一次，二者可交替進行。

本月施肥要適當增加磷、鉀成分，以利產生花蕾，同時保證秋芽生長和孕育茁壯的早春芽，但肥液要稀薄，不可施濃肥，施肥時間仍在蘭盆內植料稍乾後的晴天傍晚進行，第二天早上需澆「還魂水」。

四、防風避雨

本月時有颱風來襲，要做好防颱風工作，防止颱風吹翻蘭盆，吹斷蘭葉。颱風來時要採取遮雨措施，防止暴雨襲擊。颱風過後即是無風的酷熱天氣，因而要及時整修被颱風吹壞的遮陽網，以防蘭花被烈日灼傷。

五、防治病蟲

本月菌蟲活動猖獗，要做好治蟲防病工作。治蟲要對症下藥，殺介殼蟲用氧化樂果，滅紅蜘蛛用三氯殺蟎醇，殺蝸牛、蛞蝓用「密達」。

夜間要少開燈，因燈光會誘來蟲蛾產卵，螻蛄、金龜子等還會鑽入盆中為害。要用滅菌藥噴酒整個蘭苑。殺蟲滅菌工作仍宜在晴天傍晚太陽即將下山時進行。

六、調節光照

秋天的陽光可增加蘭草的剛性，增強抵抗病蟲害的能

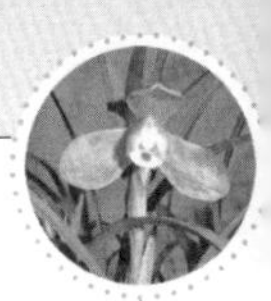

力，增強抵禦嚴寒的能力，因而立秋後蘭草可逐漸多見陽光，但要避過「秋老虎」的高溫，當氣溫降至28℃以下可用疏簾，早晚可拉開遮陽網。

七、修剪蘭株

本月建蘭盛開，花後及時剪去花枝並補充養分，以壯蘭株；同時對蘭葉進行整理，剪去病葉，以免傳染其他蘭株，枯葉、焦尾葉亦須剪去，使蘭株亮麗。

八、花事禁忌

換盆工作不宜在本月進行，本月分株的老草易倒草且不易發芽，同時本月蘭株因酷熱失去美態，缺乏商品價值。

第九節　九月花事

一、調節光照

本月暑氣漸消，蘭花的根、葉已很茂盛，可以多曬一點陽光，以增加蘭葉的剛性。遮陰可用疏簾，下旬起基本可以結束遮陰工作。但對於氣溫較高的特殊天氣仍需遮陰，不可大意。

二、科學供水

正確理解「秋不乾」，防止旱害，久旱乾燥時需多澆水，避免盆料過乾，以偏「潤」為好。但如雨天較長，則需注意控水。如需見花，則需控水促乾，催生花蕾。秋天

氣候乾燥，要注意增加空氣濕度，可地面噴水，有條件的可使用彌霧機或水簾。

三、防風避雨

本月颱風尚在頻發期，要做好防颱風工作。颱風期間會有狂風暴雨，要採取遮雨措施，防止暴雨襲擊。颱風過後可能有乾燥的氣流來襲，亦有可能豔陽高照，熱氣逼人，需加以防範。

四、防治病蟲

本月介殼蟲、紅蜘蛛、蚜蟲、蛞蝓、蝸牛十分猖獗，軟腐病、黑斑病時常發生，要注意殺蟲滅菌。要對蘭場進行 1～2 次全面消毒。用藥時間仍以傍晚為好。

五、翻盆分株

本月下旬是翻盆換料及分株繁殖的大好時機，凡需翻盆或分株的蘭花，可在這段時間依據翻盆分株的要領及時作業。但如需欣賞的盆花，最好不要翻盆分株。

六、察芽摘蕾

本月各種花蕾開始透土，要保護花蕾，要注意觀察辨認各種花蕾的顏色、筋脈及外形，增強識別不同品種的能力。如為了增殖，為了明年多發新芽壯芽，則可將花蕾摘掉。

七、合理施肥

本月是蘭草生長的黃金季節，可大膽地對蘭草進行施

肥。施肥工作可每隔 7～10 天一次，根系施肥和葉面施肥輪流進行，有機肥、無機肥及生物菌肥交替使用。要注意氮磷鉀肥分齊全，且適當增加磷鉀肥的比例。

八、引種換種

「秋分」節令後是引種交易的又一個黃金時期，要不失時機地尋覓新種，發展自己的蘭苑。自己多餘的品種要捨得轉讓，達到以花養花的目的。

第十節　十月花事

一、增加光照

本月氣溫漸轉秋涼，陽光漸轉柔和，遮陰工作全部結束，蘭草可以全日照多曬太陽，使蘭花增加剛性，促進花草成長和花蕾飽滿，有利於蘭株過冬。

二、科學供水

本月降水量小，晴天時秋高氣爽，空氣中濕度很低，盆內植料很容易乾燥，應酌情增加澆水次數和水量，遇秋雨可任其淋之，但連綿陰雨還須遮擋，切勿讓蘭株長期淋雨，否則易生黑斑病。

三、合理施肥

十月是蘭花生長的黃金季節，亦是施肥的大好時機，可每週一次，根施、葉施交替進行，以滿足蘭花生長需要

的營養，但不能施濃肥。

要注意適量多施磷鉀肥，但至月底原則上結束一年的施肥工作。

四、防治病蟲

繼續噴施氧化樂果、三氯殺蟎醇，以剿滅介殼蟲、紅蜘蛛、蚜蟲；撒施呋喃丹，以殺滅盆中蚯蚓、地老虎、螻蛄及其他盆中害蟲，不能讓其過冬；撒施「密達」，以剿滅蝸牛、蛞蝓。殺菌防病噴施甲基托布津、多菌靈，確保蘭草冬季不發病。

五、預防早霜

本月下旬可能有早霜來臨，要注意收看天氣預報，做好防霜工作，晚上可以拉遮陰網遮擋，勿使蘭花遭受霜害。

六、翻盆分株

本月仍是交流引進品種和翻盆、分株、換料的最佳時機，此項工作最好在本月底前完成。

九、觀蘭察蕾

本月新草均已長成，是一年中蘭叢最漂亮的時期；本月各種花苞均已透土，要注意觀察花蕾顏色、形狀，積累識別不同花蕾的能力，提高鑒賞水準。

第十一節　十一月花事

一、蘭花入室

位於屋後的蘭苑，因曬不到太陽，本月上旬可搬入室內。而位於房前的蘭花，可根據氣溫延至中下旬進房。但遇有寒流，需提前採取入室措施，以免蘭花受害。對已入房的蘭花，要儘量讓其接受全光照。

二、增強光照

本月蘭花可以全日照，無需遮陰，這樣有利於培育有剛性的壯草，有利於增強蘭花的抗病能力，有利於來年發早芽發大芽。

三、防霜防凍

本月早晚漸有寒意，早霜陸續來臨，要做好防霜工作，晚上可拉遮陽網遮擋。同時本月可能有強大寒流侵襲，出現低溫霜凍現象，要注意收看天氣預報，採取防護措施，如有強大寒流侵襲，可讓蘭花提前進房。

四、通風透氣

注意蘭房的通風透氣，寒流來時關閉窗戶，一旦天氣轉晴，溫度上升，即需開窗換氣。

無論天氣多冷，只要室內不結冰，蘭房均無需加溫。適當的低溫有利於蘭花的休眠，有利於花芽分化。

五、保持濕度

室內蘭房要注意保持一定的空氣濕度，最好在60%以上，勿使太乾燥而影響蘭株。要經常向室內地面噴水，有經濟條件的可安裝全自動增濕機。

六、適當澆水

本月上、中旬蘭草仍在生長，盆料不宜過乾，以「潤」為好，但澆水改在晴天上午進行，且水溫宜和室溫相近，由於蘭花冬眠水量不宜過大，澆水不可太勤，防止爛根。

七、葉面噴肥

已入房的蘭花應讓其冬眠，絕對禁止根系施肥，以免產生肥害爛根。但葉面噴施磷、鉀肥或生物菌肥可照常進行，時間以上午為好。由於氣溫低，蒸發慢，量不能太大，以免灌入葉心，引起腐爛。

八、防治病蟲

由於蘭房溫度較高，病蟲仍在為害，為根除病蟲隱患，殺蟲滅菌仍需進行2次，時間亦在上午噴施。

九、翻盆引種

本月仍可翻盆、引種，尚未完成翻盆工作的須在上、中旬抓緊完成，這樣有利於蘭草恢復，以利於來年發早芽發大芽。

第十二節　十二月花事

一、防寒保暖

本月進入嚴冬，防寒是養蘭的工作重點，天氣寒冷時要關閉窗戶，晚上溫度最好控制在5℃左右，不能低於0℃，白天最好控制在10℃左右，如達不到要採取加溫措施，有條件的可安裝空調器，但千萬不可在蘭房內用煤爐或燃燒煤氣增溫。

二、通風透氣

如天氣晴和，在溫度許可的情況下，中午時分可開南面窗戶換氣，以防蘭盆和植料發霉引起爛根。

三、保持濕度

冬天空氣乾燥，濕度低於40%時對蘭花生長是不利的。要注意保持蘭室內一定的空氣濕度。要在蘭架下設水池，擴大水面，並經常向蘭房地面及周圍環境噴水。

四、科學供水

冬季水份蒸發慢，盆土偏乾不宜濕。如盆土確實已乾，可澆水，澆水宜在晴天的上午時近中午時進行，用與室溫相近的水為宜。不可夜間澆水，以防植株凍傷。

五、葉面施肥

冬季蘭花並不完全停止生長活動，可葉面噴施 1～2 次生物菌肥或磷鉀肥，施肥時間仍以晴天上午為好。

六、防治病蟲

雖是冬季，因蘭房內溫度、濕度較高，病蟲害仍有發生，殺蟲滅菌工作不可終止，每月仍需作業 1～2 次。

附　錄
古代十二月養蘭口訣

一、宋代李侗（字願中，世稱延平先生）《李願中藝蘭月令》（福建地區）

正月安排在坎方，黎明相對向陽光，
晨昏日曬都休管，要使蒼顏不改常。
二月栽培更是難，須防葉作鷓鴣斑，
四圍扦竹防風折，惜葉猶如惜玉環。
三月新條出舊叢，花盆切忌向西風，
提防濕處多生虱，根下猶嫌太肥濃。
四月庭中日乍炎，盆間泥土立時乾，
新鮮井水休澆灌，膩水時傾味最甜。
五月新芽滿舊窠，綠蔭深處最平和，
此時老葉從他退，剪了之時愈見多。
六月驕陽暑漸加，芬芳枝葉正生花，
涼亭水閣堪安頓，或向簷前作架遮。
七月雖然暑漸消，只宜三日一番澆，
最嫌蚯蚓傷根本，苦皂煎湯尿汁調。
八月天時漸覺涼，任它風日也無妨，
經年污水今須換，卻用雞毛浸水漿。
九月時中有薄霜，階前簷下好安藏，

若生蟻虱防黃腫，葉灑茶油庶不傷。
十月陽春暖氣回，來年花筍又胚胎，
幽根不露眞奇法，盆滿尤須急換栽。
十一月天宜向陽，夜間須要愼收藏，
常叫土面生微濕，乾燥之時葉便黃。
臘月風寒冰雪欺，嚴收暖處保孫枝，
直敎凍解春司令，移向庭前對日暉。

二、清代嘉慶年間屠用寧的《蘭蕙鏡》中農曆 12 個月養花法（江浙地區）

正月天寒不出房，須防泥燥致乾傷；
盆邊乾透泥離殼，極妙須澆生腐漿。
二月春分微透風，須澆河水兩三鐘；
花盆大小宜斟酌，莫向花澆盆內中。
三月春和日暖時，蘭花風露用心思；
東風雖大全無礙，西北狂風宜避之。
四月晴和眞好養，不拘雷雨卻無妨；
若還久雨安簾下，風透微微便不傷。
五月太陽微似火，夜澆早曬三時藏；
蔭過午後交申酉，新透萌芽便不傷。
六月炎炎早晚澆，行根透發起新苗；
若還苗瘦如何治，秘授仙傳人乳澆。
七月天時初立秋，新根受旺長苗頭；
盆中若見根泥結，鬆土還宜用指尖。

八月中秋霜露濃，須將草汁滿中盆；
根強葉壯秋顆透，早發新花便不同。
九月重陽風漸寒，盆中泥面不宜乾；
勸君多曬多濡露，自有新顆土面穿。
十月小春寒與熱，愼防風雨及嚴霜；
天和須向窗前曬，天冷還宜暖屋藏。
子月開寒莫出房，溫和還要閉風窗；
最宜松葉鋪盆面，否則棉花亦可良。
臘月天時緊閉窗，極寒極凍用銀缸；
盆中乾透微澆水，四面溝開中勿傷。

三、清代光緒年間許齊樓的《蘭蕙同心錄》中「種蘭蕙四季口訣」（江浙地區）

正月：又是春風月建寅，暖房安置倍留神。
向陽窗拓勤宵閉，不使寒侵到晌晨。
二月：杏花春雨鬧枝頭，喜見幽芳日漸抽。
簷下避霜更防凍，惜花時動夜寒愁。
三月：清明時節雨如絲，濕透苔痕蕊長時。
防悶更移宣爽處，臨簷猶禁朔風吹。
四月：蕙蘭開罷又清和，漸覺陽驕奈曬何。
整頓護花障簾架，半陰爭比竹林窠。
五月：梅雨連朝長翠莖，舊叢又見子芽萌。
陰陽天氣宜珍護，莫使驕陽漏竹棚。
六月：暑浸中庭熱不消，重簾晨蔽夜方挑。
明年花信胚胎試，謹愼還宜草汁澆。

七月：涼風乍動暑猶薰，泥燥留心灌澆勤。
得氣蕊應先出土，計時不必定秋分。

八月：桂花蒸後烈秋陽，乾涸防將根本傷。
記取時逢菱角燥，一壺清水即瓊漿。

九月：木葉摧殘霜暗飛，任它夜露受風微。
直看瓦上痕添薄，始置南簷納曙暉。

十月：嶺梅乍放小春回，又恐暄和霜雪來。
移置草堂迎爽氣，瓦盆高供小窗開。

十一月：廣寒月冷仲冬交，天地無情凍怎熬。
旁午拓窗申又閉，周圍護惜更編茅。

十二月：九九嘗防凍不開，窗封更恐雪飛來。
倘逢滴水成冰候，爐火能將春喚回。

彩色圖解太極武術

1 太極功夫扇 定價220元

2 武當太極劍 定價220元

3 楊式太極劍 定價220元

4 楊式太極刀 定價220元

5 二十四式太極拳＋VCD 定價350元

6 三十二式太極劍＋VCD 定價350元

7 四十二式太極劍＋VCD 定價350元

8 四十二式太極拳＋VCD 定價350元

9 楊式十八式太極拳 定價350元

10 楊氏二十八式太極拳＋VCD 定價350元

11 楊式太極拳四十式＋VCD 定價350元

12 陳式太極拳五十六式＋VCD 定價350元

13 吳式太極拳五十六式＋VCD 定價350元

14 精簡陳式太極拳八式十六式 定價220元

15 精簡吳式太極拳三十六式 拳架・推手 定價220元

16 夕陽美功夫扇 定價220元

17 綜合四十八式太極拳＋VCD 定價350元

18 三十二式太極拳 四段 定價220元

19 楊式三十七式太極拳＋VCD 定價350元

20 楊氏五十一式太極劍＋VCD 定價350元

21 嫡傳楊家太極拳精練二十八式 定價220元

22 嫡傳楊家太極劍五十一式 定價220元

23 嫡傳楊家太極刀十三式 定價220元

養生保健 古今養生保健法 强身健體增加身體免疫力

1 醫療養生氣功 定價250元

2 中國氣功圖譜 定價250元

3 少林醫療氣功精粹 定價250元

4 龍形實用氣功 定價220元

5 魚戲增視強身氣功 定價220元

7 道家玄牝氣功 定價200元

8 仙家秘傳袪病功 定價160元

9 少林十大健身功 定價180元

10 中國自控氣功 定價250元

11 醫療防癌氣功 定價250元

12 醫療強身氣功 定價250元

13 醫療點穴氣功 定價250元

14 中國八卦如意功 定價180元

15 正宗馬禮堂養氣功 定價420元

16 秘傳道家筋經內丹功 定價300元

17 三元開慧功 定價250元

18 防癌治癌新氣功 定價180元

19 禪定與佛家氣功修煉 定價200元

20 顛倒之術 定價360元

21 簡明氣功辭典 定價360元

22 八卦三合功 定價230元

23 朱砂掌健身養生功 定價250元

24 抗老功 定價230元

25 意氣按穴排濁自療法 定價250元

27 健身祛病小功法 定價200元

28 張氏太極混元功 定價250元

30 中國少林禪密功 定價200元

31 郭林新氣功 定價400元

32 八卦之源與健身養生 定價280元

33 現代原始氣功1 定價400元

34 養生開脈太極 定價300元

35 通靈功一養生祛病及入門功法 定價300元

37 太極內功養生法 定價180元

38 無極養生氣功 定價200元

39 氣的實踐小周天健康法 定價200元

40 達摩易筋經 定價350元

國家圖書館出版品預行編目資料

家庭養蘭年年開／殷華林 編著
—初版—臺北市，品冠文化，2010〔民99.05〕
面；21 公分—（休閒生活；1）
ISBN 978-957-468-745-9（平裝）
1.蘭花　2.栽培
435.431　99003872

家庭養蘭年年開

著　　者／殷　華　林
責任編輯／劉　三　珊
發 行 人／蔡　孟　甫
出 版 者／品冠文化出版社
社　　址／台北市北投區（石牌）致遠一路 2 段 12 巷 1 號
電　　話／(02) 28236031・28236033・28233123
傳　　真／(02) 28272069
郵政劃撥／19346241
網　　址／www.dah-jaan.com.tw
E-mail／service@dah-jaan.com.tw
登 記 證／北市建一字第 227242
承 印 者／傳興印刷有限公司
裝　　訂／承安裝訂有限公司
排 版 者／弘益電腦排版有限公司
授 權 者／安徽科學技術出版社
初版1刷／2010 年（民 99 年） 5月
初版2刷／2014 年（民 103 年） 1月　定　價／300 元

大展好書　好書大展

品嘗好書　冠群可期